高等职业教育"十四五"规划教材

畜牧场经营与管理

孙凡花　主编

中国农业大学出版社
·北京·

内 容 简 介

本教材的内容包括绪论，畜产品市场与市场调查，畜牧场经营预测、决策与适度规模的确定，编制生产计划，畜产品营销与签订合同，畜牧企业生产要素管理，经济核算与经营效果分析，畜牧场环境管理、监测与评价及实训。本教材注重内容的科学性、实用性、针对性和可操作性，更加注重技能的培养，对于重点技能附有相关案例和实训指导，便于使用者掌握。本教材可以作为高等职业院校畜牧兽医专业教学用书，也可以作为畜牧兽医类行业生产经营管理者的行动指南。

图书在版编目(CIP)数据

畜牧场经营与管理/孙凡花主编. —北京：中国农业大学出版社，2020.12(2025.1 重印)
ISBN 978-7-5655-2501-8

Ⅰ.①畜… Ⅱ.①孙… Ⅲ.①畜牧场-经营管理-高等职业教育-教材 Ⅳ.①S812.9

中国版本图书馆 CIP 数据核字(2020)第 272205 号

书　　名 畜牧场经营与管理
作　　者 孙凡花 主编

策　　划 康昊婷 张 玉　　**责任编辑** 刘耀华 翟海汝
封面设计 李尘工作室
出版发行 中国农业大学出版社
社　　址 北京市海淀区圆明园西路 2 号　　**邮政编码** 100193
电　　话 发行部 010-62733489，1190　　读者服务部 010-62732336
编辑部 010-62732617，2618　　出 版 部 010-62733440
网　　址 http://www.caupress.cn　　**E-mail** cbsszs@cau.edu.cn
经　　销 新华书店
印　　刷 天津鑫丰华印务有限公司
版　　次 2021 年 2 月第 1 版　2025 年 1 月第 4 次印刷
规　　格 787×1 092　16 开本　10.25 印张　250 千字
定　　价 32.00 元

图书如有质量问题本社发行部负责调换

编审人员

主　编　孙凡花　黑龙江农业职业技术学院

副主编　李凤刚　黑龙江农业职业技术学院

陈腾山　黑龙江农业职业技术学院

岳增华　黑龙江农业职业技术学院

参　编　倪士明　黑龙江农业职业技术学院

陆江宁　黑龙江农业职业技术学院

刘　红　黑龙江农业职业技术学院

刘　云　黑龙江农业职业技术学院

刘洪杰　黑龙江农业职业技术学院

车有权　黑龙江农业职业技术学院

鲁兆宁　黑龙江农业职业技术学院

高月林　黑龙江农业职业技术学院

王瑛琪　黑龙江农业职业技术学院

王　浩　黑龙江农业职业技术学院

张佳韧　黑龙江农业职业技术学院

葛婧昕　黑龙江农业职业技术学院

沈洪达　谷实农牧集团

李桂菊　谷实农牧集团

徐长福　谷实农牧集团

主　审　解志峰　黑龙江农业职业技术学院

总序

黑龙江是农业大省。黑龙江农业职业技术学院是三江平原上唯一一所农业类高职院校，也是与区域社会经济发展联系非常紧密的农业类高职院校，具有服务国家“乡村振兴”战略的地缘优势。在过去70多年的办学历史中，涉农专业办学历史悠久，培养了大批工作在农业战线上的优秀人才。在长期培养实用人才、服务区域经济的实践中，学院形成了“大力发展农业职业教育不动摇、根植三江沃土不动摇和为‘三农’服务不动摇”的办学理念。20世纪90年代初，学院在农业职业教育领域率先实施模块式教学，在全国农业职业教育教学改革中走在前列。学院不断深化改革，努力服务经济社会发展；不断创新办学模式，努力提升人才培养质量。近年来学院先后晋升为省级骨干院校、省级现代学徒制试点院校，在服务区域经济社会方面成效显著。

学院涉农专业是省级重点专业，拥有国家财政重点支持的实训基地；有黑龙江三江农牧职教集团，校企合作办学成效显著；有实践经验丰富的“双师”队伍；有省级领军人才梯队，师资力量雄厚。

2019年，学院深入贯彻落实《教育部等六部门关于印发〈高职扩招专项工作实施方案〉的通知》、教育部办公厅《关于做好扩招后高职教育教学管理工作的指导意见》和国务院关于印发《国家职业教育改革实施方案》等文件精神，创新性地完成高职扩招任务，招生人数位居全省首位。学院针对扩招学生的实际情况和特点，实施弹性学制，采用灵活多样的教学模式，积极推进“三教”改革。依靠农学分院和动物科技分院的专业优势，根据区域经济发展的特点，针对高职扩招生源的特点，出版了种植类和畜牧类高职扩招系列特色教材。

种植类专业核心课程系列教材包括《植物生长与环境》《配方施肥技术》《作物生产与管理》《经济作物生产与管理》《作物病虫草害防治》《作物病害防治》《农业害虫防治》《农田杂草及防除》共计8种，教材在内容方面，本着深浅适宜、实用够用的原则，突出科学性、实践性和针对性；在内容组织形式方面，以图文并茂为基础，附加实物照片等相应的信息化教学资源，突出教材的直观性、真实性、多样性和时代性，以激发学生的学习兴趣。

畜牧类专业教材包括《动物病理》《动物药理》《动物微生物与免疫》《畜禽环境控制技术》《畜牧场经营与管理》《动物营养与饲料》《动物繁育技术》《动物临床诊疗技术》《畜禽疾病防治技术》《养禽与禽病防治》《养猪与猪病防治》《牛羊生产与疾病防治》《中兽医》《宠物内科》《宠物传染病与公共卫生》《宠物外科与产科》共计16种。教材注重还原畜禽生产实际，坚持以够用、实用及适用为原则，着力反映现代畜禽生产及疾病防控前沿的新技术和新技能，突出解决寒地畜禽生产中的关键问题。

本系列教材内容紧贴企业生产实际，紧跟行业变化，理论联系实际，突出实用性、前沿性。教材语言阐述通俗易懂，理论适度由浅入深，技能训练注重实用，教材均由具有丰富实践经验的教师和企业一线工作人员编写。

本系列教材将素质教育、技能培养和创新实践有机地融为一体。希望通过它的出版不仅能很好地满足我院及兄弟院校相关专业的高职扩招教学需要，而且能对北方种植业和畜牧业生产，以及专业建设、课程建设与改革，提高教学质量等起到积极推动作用。

院长：

前　言

党的二十大报告指出，实施科教兴国战略，强化现代化建设人才支撑。

畜牧场经营与管理是农林院校高等职业教育畜牧兽医类专业的一门核心主干课程，也是培养专业技术人员生产管理经营能力的重要保障。为适应现代畜牧兽医行业经济环境的迅速发展，提升畜牧兽医专业学生及从业人员把握市场、调控生产的能力，满足百万扩招人才培养的岗位需求，教材编写组深入开展调研，多次召开专家研讨会，听取企业人员意见，共同分析课程的设置与培养目标，在指定课程标准的基础上完成了本教材的编写。本教材以提升经营管理能力为导向，以提升学生就业能力和岗位适应能力为目标，以培养懂经营、会管理的畜牧兽医行业人才为己任。本教材重点阐述了畜产品市场调查、经营预测与决策、编制生产计划、签订购销合同、生产要素管理、经济核算及经营效果分析、环境控制与监测等内容。通过学习，读者可以初步形成按照市场经济规律和经营规律开展畜牧生产经营活动的观念，培养对规模化生产进行科学管理，获取最佳效益的能力。

本教材由黑龙江农业职业技术学院孙凡花主编，具体编写分工如下：李凤刚负责编写绪论；岳增华负责编写项目一；孙凡花负责编写项目二、项目六、实训二至实训五、实训八；刘云负责编写项目三中的任务一；倪士明负责编写项目三中的任务二；沈洪达负责编写项目四中的任务一；陆江宁负责编写项目四中的任务二；李桂菊负责编写项目五中的任务一；刘红负责编写项目五中的任务二；陈腾山负责编写项目五中的任务三和实训一；刘洪杰负责编写项目五中的任务四；徐长福负责编写项目七中的任务一；车有权负责编写项目七中的任务二；鲁兆宁负责编写项目七中的任务三；高月林负责编写项目七中的任务四；王瑛琪负责编写项目七中的任务五；王浩负责编写项目七中的任务六；张佳韧负责编写实训六；葛婧昕负责编写实训七；孙凡花负责统稿，解志峰教授对全书进行了审定。在教材编写过程中，黑龙江农业职业技术学院和谷实农牧集团领导给予了极大的关怀与鼓励，许多畜牧生产企业的技术人员、管理人员提供了大量的案例和数据，为教材的原始素材积累做出了贡献，谨此表示感谢。

由于编者水平有限，书中难免有不妥之处，敬请广大读者不吝赐教，以便再版时及时修改。

编　者

2023 年 8 月

目 录

绪　论

畜牧业是农业的重要组成部分，与种植业并列为农业生产的两大支柱，是国民经济中的重要组成部分。中国是一个农业大国，随着生活水平的不断提高，居民对肉、蛋、奶的需求进一步得到了提升，因此促进了我国畜牧业的良好发展。

一、畜牧业在国民经济中的地位和作用

畜牧业是利用猪、牛、羊、禽等已经被人类驯化的动物，或者鹿、麝、狐、貂、水獭、鹌鹑等野生动物的生理机能，通过人工饲养、繁殖，将牧草和饲料等植物能转变为动物能，以取得肉、蛋、奶、毛、绒、皮、蚕丝和药材等畜产品的生产部门。畜牧业是人类与自然界进行物质交换的重要环节。

（1）畜牧业可为人们提供肉、蛋、奶等动物性食品，能够调整和改善人们的食物构成，提高人类的健康水平和生活质量。

（2）畜牧业可为加工业提供原料，如为肉、蛋、奶等食品加工企业及毛纺、皮革、油脂和生物制药等其他轻工业提供原料。

（3）发展畜牧业可以促进粮食及农副产品的有效利用。发展畜牧业可以为种植业、饲料工业及粮食加工业提供市场，同时还可以拉动饲料工业、生物制品业、畜产品加工业和相关机械工业的发展。

（4）发展畜牧业可以扩大畜产品的出口创汇。畜产品属于劳动密集型产品，我国存在着大量的剩余劳动力，劳动力成本低廉，与众多种植业产品的劣势地位相比，我国主要畜产品一直具有比较优势，尤其是价格优势明显。

（5）发展畜牧业可以增加农民收入。发展畜牧业可以吸收农村剩余劳动力，扩大就业机会，增加农民的收入。

（6）发展畜牧业可以促进种植业结构调整。发展畜牧业可以促进种植业从以粮食和经济作物为主的二元结构，向以粮食、经济作物和饲料为主的三元种植结构调整。

（7）发展畜牧业还可以为种植业提供大量的优质有机肥料，改良土壤结构，提高土壤肥力，为循环农业和生态农业的发展提供保障。

由此可见，畜牧业已不仅仅是提供初级动物产品的简单饲养部门，而是逐步发展成为集种养加、产供销、贸工牧一体化的综合性生产经营系统，已成为其他部门不可替代的重要产业部门，是国民经济的重要基础之一。

（一）我国畜牧业发展概况

我国的畜牧业生产具有悠久的历史，我国是世界上最古老的畜牧业生产国家之一。新中国成立以后，我国的畜牧业开始得到恢复和发展。特别是改革开放以来，党和政府对农业和畜牧业经济进行了一系列调整、改革，放宽了农村政策，推行了家庭联产承包责任制，使我国农业和畜牧业经济得到了迅猛的发展。畜牧业已由原来副业的地位提高到国民经济主导产业的地位。

目前，我国猪肉、鸭肉、鹅肉、羊肉、兔肉产量位居世界首位，蛋类、蜂蜜、绵羊奶产量名列世界第一，禽肉产量仅次于美国，居世界第二位，牛肉产量仅次于美国、巴西，居世界第三位（表 0-1 和图 0-1）。

表 0-1　2018 年我国主要畜产品产量　　万 t

产品	产量	产品	产量
肉类	8 624.6	禽肉	1 994
猪肉	5 403.7	禽蛋	3 128.3
牛肉	644.1	牛奶	3 074.6
羊肉	475.1		

资料来源：中国统计年鉴 2019。

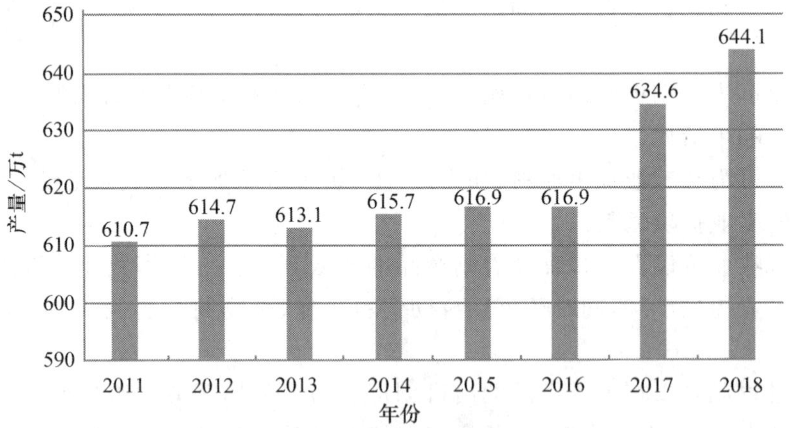

图 0-1　2011—2018 年我国牛肉的产量

资料来源：中国统计年鉴 2019。

（二）我国畜牧业的发展现状

改革开放以来，我国畜牧业稳步发展，无论是畜禽的饲养量，还是畜牧业产品产量及人均占有量都呈明显的上升趋势。特别是近些年来，随着强农、惠农政策的实施，畜牧业呈现出加快发展势头，畜牧业生产方式发生积极转变，规模化、标准化、产业化和区域化步伐加快。目前，畜牧业产值已占中国农业总产值的 34%，从事畜牧业生产的劳动力就有 1 亿多人，在畜牧业发展较快的地区，畜牧业收入已占到农民收入的 40%以上。中国畜牧业在保障城乡食品价格稳定、促进农民增收方面发挥了至关重要的作用。在许多地方，畜牧业已经成为农村经济的支柱产业，成为增加农民收入的主要来源，一大批畜牧业优秀品牌不断涌现，为现代畜牧业的发展做出了积极贡献。

畜牧业的发展对于建设现代农业，促进农民增收，加快社会主义新农村建设，提高人民群众生活水平都具有十分重要的意义。但在畜牧业发展中，也逐渐暴露出一系列的问题。总的来看，中国的畜牧业仍处在传统饲养方式与现代化养殖方式并存，传统养殖方式占支配地位的阶段，特点是规模小、品种杂、人畜混居、散放散养、混放混养、粗放经营。同时，一些地方存在着畜牧业投入不足，畜牧业生产和畜产品加工有隐患，影响畜产品质量安全的不确定性因素，饲养环境和生产条件相对落后，重大动物疫病形势严峻等问题，具体表现在以下几方面。

1. 农村居民生产和生活环境恶化

随着经济发展，一家一户的养殖方式已经不能满足市场增长的需要。尤其是改革开放以后，小农经济开始加速向商品经济转化，在农户家庭养殖这一基本事实没有改变的情况下，畜禽规模的扩大意味着牲畜与人争空间。多数家庭畜禽养殖户环境较差，粪便满地，臭气熏天，蚊虫肆虐，污水横流，这造成了农村居民生产和生活环境严重恶化，影响了村容村貌。

2. 扩大再生产和增加农民收入的约束

农区家庭养殖方式，不仅是生产生活环境的问题，畜牧业发展到今天，即使朴实的村民能够忍受长年累月的气味和粪便污染，也难以满足扩大生产规模的要求。由于市场需求的扩大和农民增收的需要，房前屋后的家庭养殖及放养已经没有扩大生产所需要的空间，农民迫切需要有足够的饲养场地扩大畜禽生产，增加出栏量，提高收入。

3. 畜产品质量问题突出

受利益驱动，部分养殖户会采用不恰当的饲养方法和手段生产劣质甚至有毒的畜产品。在过去几年间，“瘦肉精”、苏丹红等事件接连不断，对城乡居民的身体健康及消费心理造成了严重影响。但是在传统养殖方式下，利润追逐和道德法律冲突的问题频频发生，加之养殖户高度分散，难于管理，不能保证上市畜产品全部符合无公害标准。

4. 小生产和大市场矛盾

畜产品是我国的优势农产品，自我国加入 WTO 后，畜产品出口量有所增加，但由于传统养殖方式的缺陷，难以形成加工出口要求的规模，产品标准化程度低，影响了加工业出口竞争力。

5. 疫病防治困难

由于家畜大量的分散饲养，难以有效地防止交叉传染、控制动物疫病、建立公共卫生防疫和环境控制标准。

6. 难以抵御市场波动风险

传统养殖方式不能预测和适应市场变化，无法承受市场价格波动所带来的风险，对畜牧业发展的作用微乎其微。

（三）我国畜牧业的发展趋势

畜牧业是否成长为农村经济的支柱产业，是衡量一个国家农业发达程度的主要标志。在温饱问题没有解决的时候，粮食生产特别是满足十多亿人的口粮问题就是农业生产最大的目标。但在这一目标基本实现，保证人们口粮供应的基础上，满足人们在食物上的多种需求，就成为新的生产目标。与种植业相比，畜牧业为人类提供了更有营养和更受青睐的食品，所以，在中国大力发展畜牧业具有广阔的前景。

建设现代畜牧业是走中国特色农业现代化道路的重要任务。大力推进畜产品品牌建设，发展优质安全的品牌畜牧业，是建设现代畜牧业的有效途径，也是未来畜牧业的发展趋势。特别是在畜产品的安全面临着更大范围、更深层次挑战的情况下，大力加强畜产品品牌建设，增强企业社会责任，是应对畜牧业生产面临的挑战，维护消费者生命健康安全，促进畜牧业健康发展的有力举措。要把畜牧业品牌建设作为加强畜产品质量监管的重要内容和发展目标，制定和落实相关支持政策和措施，通过发挥优秀品牌的示范带动作用，探索畜牧业品牌建设的途径和经验，这也将是我国畜牧业在未来几年里发展的大趋势。

在未来几年、十几年中，我国肉类产品和禽蛋产品将长期保持供给略大于需求的格局。与肉类产品和禽蛋产品相反，我国奶产品则长期处于相对短缺的状态。肉类产品、禽蛋产品的增长速度将越来越缓慢，在肉类产品结构中，猪肉所占的比例将继续下降，禽肉、牛肉和羊肉所占的比例将持续上升；而奶类产量仍将保持较高的增长速度。在未来十几年中，我国畜产品消费将进入稳定增长时期。城市中有很少的一部分人消费已饱和，甚至出现购买量的减少，但这只是食物之间的品种替代，而从整体上看仍处在稳步增加动物性食品消费的阶段，特别是在牛肉、羊肉、禽肉、液态奶、乳制品和水产品方面的消费，还将出现迅速增加的态势。尤其值得关注的是广大农村居民随着收入的增加，在肉类和蛋类方面的消费将会出现一个迅速增长的阶段。农村奶类消费的现实需求的出现可能会晚一些年，但潜力更大。

畜牧业的科技含量将加大，新品种的畜禽育种工作将是热点，在加速传统畜牧业向现代畜牧业转变的过程中，技术因素将越来越具有决定性作用。抓好畜牧业现代养殖示范和畜禽育种工作，提高其抗病能力和肉质是畜牧业发展的重中之重。

畜牧业规模化生产趋势进一步凸显。养猪户数量减少，养殖户养殖规模扩大，生猪饲养资源逐步集中，中等规模生产场户在规模化养殖中的数量和产量比例不断上升，是近几年来我国畜牧业的发展现状，也是未来发展的走向。专业化、集约化和规模化是未来畜牧业走上正轨的保证，也是其必然趋势。从总体上讲，专业户和中等规模户是中国未来畜牧业的主力，也是实施小农户与大市场对接战略的重要基地。

（四）国外畜牧业发展概况

1. 畜牧业发展模式

由于土地、资本和劳动力三大生产要素投入的强度不同以及结合的方式不同，形成了土地密集型、资本密集型及劳动力密集型 3 种不同的畜牧业发展模式。

（1）土地密集型的畜牧业以澳大利亚和新西兰为代表，是以土地投入为主，主要饲养牛、羊等草食家畜的草地畜牧业发展模式（简称“澳新模式”）。澳大利亚和新西兰仅用少量的土地种植农作物，来满足人们对粮食的需求，而将大量的土地用于种植饲草饲料，为畜牧业生产提供饲草来源。其饲养管理方式是实行分区围栏放牧，每个区的草场内设有饮水设备、棚圈等，定期对牛、羊进行补饲，实行强化育肥。

（2）资本密集型的畜牧业以美国和欧洲为代表，是以资本投入为主的集约化畜牧业发展模式（简称“欧美模式”）。由于经营规模的不同，欧美模式又可进一步细分为北美模式和欧洲模式。

北美模式是指美国和加拿大两国的畜牧业经济发展模式。这两个国家的共同特点是土地资源丰富，资金和技术实力雄厚，但劳动力资源紧缺。因此，在发展畜牧业经济的过程中，美国和加拿大选择了土地资本和技术密集、以机械作业为主的集约化大农场的发展道路，应用优良的畜禽品种，饲喂全价的配合饲料，采取有效的疫病防治措施，进行科学的饲养管理，提供适宜的环境条件，使畜牧业生产像工厂那样进行规模化、机械化、自动化的生产，从而提高畜产品产量、饲料转化率和人的劳动生产率。

欧洲模式是指德国、法国、荷兰、奥地利等几个欧盟成员国的畜牧业经济发展模式。这些国家的共同特点是土地和劳动力资源相对稀缺，资本和技术实力雄厚。因此，在发展畜牧业经济的过程中，这些国家选择了资本密集和技术密集、以机械作业为主的集约化家庭农场的发展道路。

（3）劳动力密集型的畜牧业以广大发展中国家为代表，是以劳动力投入为主的传统畜牧业发展模式（简称“传统模式”）。

2. 畜牧业发展趋势

（1）畜牧业产值在农业总产值中所占的比例大于种植业，而且在不断提高。例如，在新西兰、丹麦、德国、加拿大、美国、英国、法国、澳大利亚、荷兰、比利时等国家的农业总产值中，畜牧业产值均占 50%以上，其中新西兰和丹麦的畜牧业产值占比超过 90%。

（2）在农、林、牧相结合的基础上，种植业为畜牧业提供越来越多的服务。要保证畜牧业的发展，必须要提供足够的饲料基地，因此，畜牧业占用的耕地面积将会越来越多。例如，美国、法国、英国、德国、荷兰、加拿大等国家畜牧业占用的耕地面积均为耕地总面积的 60%以上。在全部粮食生产中，用于人们直接消费的粮食很少，用于饲料的粮食的比例很大。例如，饲料粮占粮食总量的比例，丹麦为 90%，美国、德国和英国为 70%，加拿大为 62%，法国为 50%。

（3）畜牧业生产和经营日趋社会化和集约化。发达国家在畜牧业专业化发展的基础上，畜牧业生产的规模越来越大，分工越来越细，协作越来越广泛，畜牧业产前、产中、产后等环节需要的良种、饲料、养殖技术、疾病防治、产品加工销售均由各种专业生产部门提供相应的服务，畜牧业生产经营日益向着高度社会化和集约化的方向迈进。

（4）生态畜牧业发展方兴未艾。自 1972 年国际上一个致力于拯救农业生态环境、促进健康安全食品生产的组织——国际有机农业联盟（IFOAM）成立后，各国纷纷兴起发展生态畜牧业的浪潮。至 2000 年，全球 194 个国家中有 141 个国家开始或已经开始发展生态畜牧业。据统计，目前在世界上实行生态管理的农业用地约 1 055 万 hm^2，其中澳大利亚的生态农业用地面积最大，为 529 万 hm^2，占世界生态用地总面积的 50%；其次是意大利和美国，生态农业用地分别为 95 万 hm^2 和 90 万 hm^2。若从生态农业用地占农业用地面积的比例来看，欧洲国家普遍较高，大多数亚洲国家的生态农业用地面积较小。在全球生态农业用地中，生态牧场占地 350 万 hm^2。另据 IFOAM 统计，近年来，生态肉品的生产量每年以 20%的速度增长，生态畜产品的消费量与日俱增，如 2017 年全球有机牛奶的销售量达 34.82 亿 L。

世界各国根据各自的资源条件，在生态畜牧业的实践过程中探索出了各具特色的发展模式，主要有以下 4 种：①以集约化发展为特征的农牧结合型生态畜牧业发展模式，以美国和加拿大为典型代表；②以草畜平衡为特征的草原生态畜牧业发展模式，以澳大利亚和新西兰为典型代表；③以农户小规模饲养为特征的生态畜牧业，以日本和中国为典型代表；④以开发绿色、无污染、天然畜产品为特征的自然畜牧业，以英国、德国等欧洲国家为典型代表。

二、畜牧业经济的特点

畜牧业经济的根本特点是经济再生产与动植物自然再生产紧密交织在一起。动植物自然再生产过程是指自然界中的各种植物和动物依照自己特有的新陈代谢机能不断地繁殖、生长、发育，又不断地衰老、死亡，这种一代又一代不断重复的过程。人类为了满足自身对畜产品的需求，根据动植物自然再生产过程的特点，进行合理的投入，创造一个适合畜禽生长的生态环境，生产尽可能多的符合市场需求的畜禽产品，这种以自然再生产过程为依据、不断重复和更新的劳动过程，称为经济再生产过程。

畜牧业与种植业一样，是以自然生态环境条件为基础的经济再生产过程，它受益于自然，通过植物和动物的转化作用获得畜产品，又受控于自然，受到自然的制约。完成畜牧业再生产过程需要经过植物和动物两个自然再生产过程及种植业和饲养业两个经济再生产过程，经济再生产过程与自然再生产过程紧密地交织在一起。因此，从事畜牧业经济再生产必须认识和掌握这一根本特点，懂得按照自然规律和经济规律办事，才能搞好畜牧业生产经营。

在上述根本特点的制约和影响下，畜牧业经济还表现出以下几个方面的特点。

（1）畜牧业是建立在第一性生产基础之上的第二性生产。植物生产属于第一性生产，它利用水分、空气中的二氧化碳和土壤中的有机物、无机物，通过光合作用生产出农作物和饲草饲料；畜禽生产属于第二性生产，家畜、家禽将饲草饲料转化为动物性产品。这一特点说明发展畜牧业必须重视饲草饲料的生产，要合理利用和保护各种饲料资源，建立稳定的饲草饲料生产基地，以草料的产量来确定畜禽的发展规模和速度。

（2）畜禽既是生产资料，又是消费资料，畜禽的再生产既是畜禽产品的再生产，又是畜禽本身的再生产。畜禽作为种畜禽和役畜是生产资料，作为肥育畜禽则是消费资料；作为生资料的畜禽，不仅生产出各种畜产品，同时又在生产畜禽本身。因此，在畜牧业生产中，要确立合理的畜群结构，处理好种畜禽与商品畜禽在数量上的比例关系，既要保证畜产品产量的增长，又要保证畜群再生产的不断更新和扩大。

（3）畜禽提供的产品多为鲜活产品，畜产品的生产在时间上具有间歇性，畜禽的饲养管理具有连续性。总的来看，畜产品表现为不耐贮存、容易腐烂变质、不便于运输等特点，不同的畜禽由于生理上的原因（奶牛的干乳期、蛋禽的停产期等）不能全年均衡地提供畜产品，这些特点给畜产品的收购、贮存、加工和运输带来了一系列的问题。所以，在组织畜牧业生产时，既要加强饲养管理、注意均衡生产，又要抓好畜产品的营销工作，减少流通环节，走种养加、产供销一体化的经营之路。

三、畜牧业现代化

从纵向来看，畜牧业现代化是一个历史性概念，畜牧业从产生一直发展到现在，发展到一个什么样的水平才达到现代化？从横向来看，畜牧业现代化又是一个世界性概念，什么样的水平才能代表畜牧业现代化？因此，畜牧业现代化的概念既具有相对性，又具有动态性。

传统和狭义的畜牧业现代化就是养殖业机械化，即从畜禽进入畜舍（栏）后的整个饲养过程采用机械化控制，即自动供（喂）料、自动饮水、定时光照、自动刮粪和消毒等。广义的畜牧业现代化是高度的集约化、规模化、工厂化和畜产品的商品化等，其内涵随知识和技术的创新、经济社会的发展、时代的变迁，不断地丰富和发展。许多学者认为，畜牧业现代化是指用现代科学技术装备畜牧业，实现对传统畜牧业的全面的、根本性的改造，在生产条件、生产技术、生产组织和经营管理方面达到世界最先进水平，能够最充分、最合理地利用自然资源，大幅度提高劳动生产率、畜产品的产出率和商品率，以最少的投资，使畜牧业生产达到高产、优质、高效、稳定、协调发展的目的。

（一）畜牧业现代化的特点

畜牧业现代化不仅要创造一个高产的、优质的、高效的畜牧业生产系统，更重要的是建立一个合理的、高效的畜牧业生态系统，以满足人们对畜产品的需求。畜牧业现代化的特点是装备现代化、技术现代化、管理现代化和资源环境优良化等，其主要标志是提高劳动生产率和技术经济指标。

畜牧业现代化主要在生产手段、生产技术和生产组织 3 个方面达到现代化的生产水平。其主要特点表现在以下几个方面。

1. 装备现代化

用现代工业成果、先进的生产工具和设备装备畜牧业企业，实现装备现代化。在畜牧业生产中，广泛使用机器和电力代替传统的人力、畜力和有机能源，因地制宜地实现畜牧业的机械化生产、自动化控制和信息化管理，标志着畜牧业由手工劳动过渡到机器大生产，实现了畜牧业生产性质的根本性转变。

从发达国家的情况来看，畜牧业的现代化都实现了畜牧业机械化和电器化。其不仅在饲料生产、加工、调制、储运等各方面实现了全面机械化，而且在畜禽饲养的各个环节，如饲喂、饮水、挤奶、收蛋、剪毛、清粪、疫病防治等各个环节都实现了机械化、自动化；对猪、鸡、乳牛等舍饲生产，基本上是在人工控制下利用机械进行的，甚至使用电子设备来控制家畜的各种活动，从而大大地提高了劳动生产率。

根据我国劳动力多、经济水平低、工业基础薄弱的特点，不应盲目照搬外国机械化的办法，应从我国的实际出发，根据各项生产需要和经济效益状况，因地制宜，逐步采用机械操作。目前，我国畜牧业生产仍以手工工具为主，随着现代工业的发展和农村、牧区经济发展及投资能力的提高，将以先进的机械逐步代替落后的工具。例如，在饲养生产中，播种、施肥、灌溉、除草、收获、运输、加工等环节将逐步使用机器操作，并逐步推广使用飞机施肥和播种牧草；在畜禽饲养中，饲料加工、饲喂、清粪、疫病防治等环节将逐步采用机械化、自动化设备；还将逐步提高畜产品收购、运输、加工、贮藏的机械化水平。各地具体情况不同，要周密地考虑，既要看到需要，又要看到可能，要兼顾当前和长远，力求使有限的投资得到最大的经济效果。

2. 技术现代化

畜牧业技术现代化是指在现代化的生产条件下，用先进的科学技术指导畜牧业生产，推广优良畜禽品种，使用安全的、无公害的绿色饲料，采用先进的疫病防治体系等现代先进手段，实现畜牧业生产高产、优质、高效。

在畜牧业的整个生产过程中，采用先进的科学技术。用现代化的遗传理论指导改良畜禽，使畜禽的生产性能明显提高并符合社会市场需要；用现代化的营养科学分析、计算、配制饲料，使各类饲料全价化，以符合畜禽的生产需要；用现代化的兽医科学控制疾病；用现代化的技术控制生态环境，通过调整、控制、利用营养和环境达到增产的目的。

根据各种畜禽品种和畜群的不同要求，建立饲料工业体系，积极发展全价配合饲料，不断提高饲料转化效率，实行标准化饲养，使畜禽得到完善的营养，以促进幼畜生长发育，缩短饲养周期，加速肉畜的周转，大幅度地提高个体畜禽产品率。采用现代化的畜产品加工、贮藏和保鲜技术，提高畜产品的使用价值和价值。

科学技术的发展和应用是无穷无尽的。因此，不断推广应用各种先进的科学技术，是实现畜牧业现代化的关键。

3. 观念现代化

在同样的技术条件下，经营管理的好坏对畜牧企业的生存和发展起着决定性的作用。畜牧企业的经营效果，取决于管理人员对企业的内部条件和外部环境的正确认识和判断。畜牧企业必须以国家计划和有关方针、政策、法令为指导，遵循经济规律，树立以下现代化经营观念。

(1) 市场观念：市场是商品交换的产物。现代畜牧业生产既然是商品化生产，就必然依托市场进行交换。因此，客观上就要求畜牧企业管理人员树立起市场观念，不断研究市场，调查畜产品市场的供求变化，掌握市场信息。要千方百计地占领市场，提高产品的市场占有率，不仅要重视国内城乡市场的需要，而且要注意国际市场的需要，使所生产的畜产品的品种、数量、质量、规格都能符合要求、适销对路。这是现代畜牧企业经营的基本观念。

(2) 质量观念：在经营学上所指的质量，并非单指符合技术标准的质量，而是指符合消费者需要的适销对路的物美、价廉、可靠的产品。这是占领市场的重要观念。

(3) 效益观念：企业全体成员特别是经营者，必须树立经济效益的观念，实行严格的经济核算。提高经济效益，一方面要生产出更多符合社会需要的产品(薄利多销，以取得规模效益)，另一方面是要尽量降低畜产品生产、加工和经营中的各种消耗，既要增产，又要节约，努力降低生产和销售成本，增加盈利。这是现代畜牧企业经营的基本指导思想和观念。

(4) 竞争观念：社会主义企业的竞争实质上是一种择优的经济手段，善于经营的企业就能生存和发展，就能在经济上获得更多的利益。在现代畜牧业的企业经营中，树立竞争观念，提高产品的竞争能力，对促进企业生产更多符合社会需要的产品、提高产品质量、提高企业经济效益等方面是一种推动力量。畜牧企业在加强国内市场竞争的同时，应提高出口产品的竞争能力，能够在产品的品种、质量、价格、交货期、销售方式、用户服务等方面赶上或超过国内外竞争对手。

(5) 创新观念：企业的生命力在于随着外部环境的变化和科学技术的进步，勇于改革，善于创新，不断改善与经济基础不相适应的管理体制、管理制度和管理办法；改革商品生产和流通的体制；改革分配上的平均主义，不断巩固和完善各种形式的联产承包责任制；改革饲养管理工作中的各种落后技术，不断吸收新成果，采用新的、先进的科学技术和管理方法，才能使企业永远立于不败之地。

(6) 生态观念：保持和不断完善生态平衡和自然环境条件，是畜牧业生产发展和获得较高的、持续的经济效益的首要前提。在发展畜牧业时，必须注意天然草场资源的合理利用、保护和建设，强化种树、种草，合理利用和培养地力，不断改善生态平衡和自然环境条件，在搞好各种农畜产品加工的同时，必须十分重视环境污染和产品污染问题，应主动采取有效防治措施，保护环境。

(7) 全局观念：作为一个企业，无论是在提高产品的市场占有率，实行经济核算提高经济效益等方面，还是在改革创新提高产品的竞争能力等方面，都应从全局、大局出发，不能损害他人的利益，更不能损害国家的利益。

(8) 联合观念：畜牧业现代化的生产是社会化大生产，专业性强、规模大，因此不仅需要提高自身素质，提高生产水平和市场竞争力，而且需要加强横向联合，获得全方位、系列化的服务，方能在市场激烈的竞争中有生存和发展的可能。

4. 管理现代化

现代生产要求，随着市场变化，企业要实行最经济有效的管理，使企业内有动力，外有压力，生产经营有主动性和灵活性，职工有积极性和责任感；使各级管理机构分工协作，办事有较高效率；使各项管理工作做到标准化、制度化、文明化和最优化；运用计算机技术进行搜集信息、生产监督、经济核算、综合分析和自动控制，实现生产过程的最优控制；使生产要素组合最优化和经济效益的最大化，以提高劳动生产率和经济收入。

5. 人员知识化

管理人员和生产人员的知识化、专业化，是实现经营管理现代化的重要条件。因此，要重视培养大批专业管理人才，发挥他们的骨干作用；同时，企业管理要发扬民主，发挥下级管理人员的积极性和创造性，广泛组织职工参加企业管理，做到领导、管理人员和技术人员同工人结合；对生产人员要进行技术培训，使他们能够熟练掌握专业知识和技术，在生产中发挥主观能动作用。

（二）畜牧业现代化的标志

畜牧业现代化的标志，也就是指用什么指标来衡量畜牧业现代化水平。畜牧业现代化的标志，必须有一些统一的技术经济指标来衡量，多数人主张用劳动生产率和生产技术经济指标表示。

实现畜牧业现代化，必然导致畜牧业生产方式的根本转变，即由传统的、粗放的生产方式转变为现代的、先进的生产方式。现代畜牧业与传统畜牧业相比，主要差别表现在劳动生产率和技术经济指标两个大的方面。因此，将二者作为畜牧业现代化的标志是很合适的。

1. 劳动生产率

劳动生产率是由机械化、电器化、自动化水平，科学技术运用状况，经营管理好坏等多种因素决定的。因此，它是衡量畜牧业现代化水平的主要指标。高度的劳动生产率，是世界上已实现畜牧业现代化的国家的共同特点。当前，我国畜牧业的劳动生产率还很低。如果不讲经济效果，不计算成本，盲目追求提高劳动生产率，也是行不通的。

劳动生产率指标包括价值性劳动生产率和实物性劳动生产率。在市场经济制度下，价值性劳动生产率是反映劳动生产效率、效益的基本指标。实物性劳动生产率是生产的实物规模、实物量指标，它的有效性是未定的，还有劳动的实现问题。因此，劳动生产率是直接反映畜牧业劳动者生产能力和生产经营效果的综合指标，是区别现代畜牧业与传统畜牧业的显著标志。

（1）实物性劳动生产率指标，包括单位劳动工作量、单位劳动产品量和单位时间产品量 3 个方面。

①单位劳动工作量是指每个劳动力所承担的工作量，用公式表示为：

$$\text{单位劳动工作量}=\frac{\text{畜禽饲养量}}{\text{参加劳动的人数}}$$

例如，在现代化的养殖场中，每个劳动力可养蛋鸡 2 万～3 万只，肉鸡 5 万～10 万只，奶牛 60～100 头，肉牛 5 000 头，肉猪 1 400～2 000 头。

②单位劳动产品量是指每个劳动力提供的产品的数量，用公式表示为：

$$单位劳动产品量=\frac{畜禽产品产量}{参加劳动的人数}$$

实现畜牧业现代化的国家，每个劳动力每年生产的畜产品产量非常高。目前，美国平均每个农业劳动力每年可以照料 6 万～7 万只鸡、5 000 头牛，生产肉类 1 万 kg 左右；澳大利亚平均每个农业劳动力可生产肉类 5 051 kg。

③单位时间产品量，即工时产品量，是指劳动者平均每小时提供产品的数量，有每小时提供产品的数量或生产一定产品数量所需工时数两种表示方法。

（2）价值性劳动生产率是指单位劳动所产生的价值或效益，用公式表示为：

$$单位劳动产值=\frac{总产值}{参加劳动的人数}$$

2. 技术经济指标

反映畜牧业现代化的主要技术经济指标是畜禽产品率、饲料转化率、出栏率 3 个指标。

（1）畜禽产品率。

肉牛：美国肉牛“比法罗”在 8～10 个月的草地放牧期内，体重可达 454 kg，不但肉质好，而且生产成本比一般肉牛低 40%。

肉猪：先进国家肉猪育肥期的日增重为 700～1 000 g，比如丹麦的“兰德瑞斯”猪，日增重 737 g，我国肉猪育肥期的日增重为 200～700 g。

奶牛：在许多发达国家，每头奶牛年平均产奶量为 5 000 kg 以上，核心群高达 12 000～15 000 kg，个别奶牛（加拿大、美国）高达 27 000 kg。目前，我国国有奶牛场的奶牛生产性能与国外不相上下，但从全国来看仍然很低。

毛用羊：畜牧业先进国家平均每只羊每年产毛 5 kg 左右，如新西兰和澳大利亚分别为 5.3 kg和 5.2 kg；我国按存栏羊计算不到 1 kg。

肉鸡：国外肉鸡 49 d 出栏供应市场，体重可达 2 kg 以上。

蛋鸡：每只蛋鸡年产蛋 280～300 个，最高可达 368 个。例如，加拿大蛋鸡“谢弗量 288”年产蛋 258 个，单个蛋重 61.3 g；我国国有蛋鸡场和养鸡专业户所养的鸡每只每年产蛋 240 多个，接近世界先进水平，但农村一般养的土种鸡，年产蛋只有 100 多个。

（2）饲料转化率。畜牧业先进国家的饲料报酬是：肉牛 7∶1（即 7 kg 精料生产 1 kg 牛肉），猪 2.8∶1（即 2.8 kg 全价料生产 1 kg 活重），肉鸡 2.1∶1（即 2.1 kg 全价料生产 1 kg 活重），鸡蛋（2.6～2.8）∶1（即 2.6～2.8 kg 全价料生产 1 kg 鸡蛋），羊（4～5）∶1（即 4～5 kg 精料生产 1 kg 活重）。

（3）出栏率是衡量肉用畜禽的整体生产效果的综合性指标。

肉牛：在工厂化生产条件下，断奶后 5 个月即可出栏，体重达 400～500 kg，产肉 200～250 kg；在放牧补饲育肥条件下，一般 12～18 个月出栏，最长 2 年出栏，体重达 300～500 kg。

肉猪：在国外机械化养猪场，一般饲养 4～5 个月即可出栏，体重达 100 kg，出肉 75 kg；我国一般需养 6～8 个月才能出栏。

肉羊：先进国家在放牧条件下，一般饲养 3～6 个月即可出栏，体重达 30 kg 以上，出肉 15 kg；我国一般不宰杀当年羊，有的要饲养 2～3 年才出栏，体重在 30～50 kg，出肉17.5～25 kg。在进行出栏效果比较时，通常采用出栏率作为技术经济指标。

近年来，还有人提出一些畜牧业现代化的指标：畜禽养殖机械化业率达80%以上；猪、鸡、牛、羊的良种覆盖率提高到40%～90%，生产性能提高15%～20%；优质饲料使用率达100%，饲料转化效率提高10%～15%，提高养殖生产性能15%～20%；畜产品商品率达90%以上，优质和绿色产品达80%以上；畜牧业科技贡献率达70%以上。

（三）实现畜牧业现代化的途径

根据畜牧业现代化的特点和标志，结合各地的实际情况，实现畜牧业现代化主要从以下几个方面着手。

（1）加大宣传，提高认识。加大宣传，提高人们对畜牧业现代化的认识，并根据各地的具体情况，因地制宜地制订畜牧业现代化发展规划。加快实现畜牧业区域化布局、专业化生产、产业化经营的现代畜牧业新格局的步伐。不断提高畜禽生产水平和产品品质，实施品牌战略，不断提高畜牧业的经济效益和畜产品的市场占有率。

（2）调整结构，加快速度。调整畜禽结构，提高饲料报酬，加快畜牧业规模化、集约化进程。畜牧业发展要在调整畜禽结构、培育优良品种、改进饲料配方、提高防疫水平的同时，引导畜牧业向规模化、集约化、高效化的方向发展。农区畜牧业要以调整畜禽结构、提高饲料报酬、提高出栏率为重点；基本稳定畜禽的数量，注意发展草食性、节粮性畜禽品种；大力发展瘦肉型猪和优质肉牛、肉羊、肉鸡等优质畜禽品种。牧区畜牧业要以控制数量、提高质量为中心，在质量、效益的基础上发展数量；以草定畜，杜绝超载放牧。

（3）全面建立保障体系。要把畜牧业科技现代化放在首位，进一步加快对畜牧业现代化的科技投入和人才管理，提高畜牧业科技贡献率，实施科教兴牧战略；要建立和完善各种良种繁育体系、畜禽疫病防治体系、饲料加工体系、畜禽产品屠宰加工体系和全方位系列化服务体系。

（4）转化成果，提高技术。加速科技成果的推广、转化力度，使畜牧业生产通过科技成果的推广、转化、应用，提高科学技术，推广和普及新品种、新技术、新工艺，提高畜禽出栏率、饲料转化率，降低死亡率。

（5）强化横向联合，实施畜牧业产业化，加强畜产品加工和流通体系建设。抓好畜禽品种、饲养技术、饲料生产与加工与防疫、屠宰、畜产品加工与储藏等重要环节的技术进步，大幅度提高畜牧业总体技术水平。以生产为导向，组织龙头企业，提高技术改造，发展畜产品精深加工业，积极开发名、特、优畜禽新品种、新产品，实施名牌战略，实现畜牧业的多次增值。

四、畜牧场经营与管理的概念、主要研究内容和学习方法

（一）经营与管理的概念

畜牧场是指拥有一定数量的家畜集中饲养地，常按家畜种类划分为养牛场、养猪场、养鸡场、养兔场、养羊场和养马场等。

所谓经营管理就是对企业整个生产经营活动进行决策、计划、组织、控制、协调，并对企业成员进行激励，以实现其任务和目标的一系列工作的总称。

经营管理的主要任务就是合理地组织生产力，使供、产、销各个环节相互衔接、密切配合，人、财、物各种要素合理结合、充分利用，以尽量少的劳动消耗和物质消耗，生产出更多的符合

社会需要的产品。

1. 经营

经营是指企业以市场为对象，有目的地将信息、劳动力和生产资料结合起来，进行商品的生产和交换（或提供劳务）的动态活动过程。

2. 管理

管理是企业为了实现预期的经营目标，对经营要素的结合与经营过程的运转进行决策、计划、组织、指挥、协调和控制等全部工作的总和。管理体现在企业的所有经营活动中。

经营与管理是两个不同的概念，它们既有联系又有区别。管理适用于一切社会组织，而经营只适用于企业；管理的目的是为了提高生产效率，经营的目的则是以最少的投入取得最大的经济效益；企业经营的好坏关键是决策，而管理则是实现正确决策的手段。一个企业若没有明确的经营目标和正确的决策，生产就会陷入盲目性，管理也就失去了目标；反之，没有科学、有效的管理，企业的正确决策不能顺利地实施，生产、交换、分配活动就会发生混乱和中断，经营目标也就难以实现。由此可见，经营与管理是紧密联系、不可分割的统一体，二者交织在一起，共同存在于各种经营组织中。因此，企业生产经营与管理的全部内容统称为经营管理。

3. 畜牧场经营与管理

畜牧场经营与管理是对畜牧企业的生产、交换、分配、消费等方面的经济活动进行决策、计划、组织、指挥、协调、控制等各项活动的总称。

（二）畜牧场经营与管理的主要内容

畜牧场经营与管理一般分为宏观经营管理和微观经营管理两部分。

畜牧场宏观经营管理是指企业确定管理体制、经营方式和发展战略，调整畜禽生产结构和布局。

畜牧场微观经营管理是指正确制订经营目标，科学安排生产计划，有效运用各种生产资源，合理组织生产，制订正确的营销策略和科学的管理制度等。本教材首先从我国与世界畜牧业的发展现状开始，介绍畜牧业在国民经济中的地位、作用以及畜牧业经济的特点；接着介绍我国畜牧业现代化的道路；然后遵循畜牧企业生产经营过程的顺序，阐述微观经营管理问题。其主要包括畜牧场及畜产品市场调查、经营预测与决策、编制生产计划，签订合同等，还包括畜牧场生产要素管理、畜产品安全控制以及产出产品如何营销和畜牧业生产过程中如何进行经济核算与经营效果分析。

（三）畜牧场经营与管理的学习方法

畜牧场经营与管理具有很强的知识性、实践性、应用性，是一门集经济管理学、畜牧兽医学、数理统计学、财务管理学等多门学科为一体的交叉学科。学习该课程应以辩证唯物主义为指导，理论联系实际，密切联系当前畜牧业宏观与微观经济实际，运用定性与定量分析方法，探讨畜牧场经营与管理的规律及其运用。在学习中，要从经营管理的实践和理论研究中不断吸收新的营养，利用各种媒体吸收有关经营管理方面的知识，了解国家宏观经济政策和措施，注重吸收、借鉴国外经营管理中科学的思想和方法，坚持理论学习与实践技能训练相结合，强化实训，注重培养分析问题和解决问题的能力。

此外，学习畜牧场经营与管理课程应具备一定的经济学、管理学、数理统计学、财务管理学以及计算机方面的基本知识及技能，在学完畜牧兽医专业课程之后，对畜牧企业生产经营过程具备一定感性认识的基础上进行本课程的学习。

复习思考题

1. 世界畜牧业的3种发展模式是什么?
2. 世界畜牧业的发展趋势是什么?
3. 简述畜牧业在国民经济中的地位和作用。
4. 畜牧业经济的特点是什么?
5. 畜牧业现代化的概念、内容和标志是什么?
6. 我国畜牧业现代化的道路是什么?
7. 什么是畜牧场经营与管理? 畜牧场经营与管理的研究内容有哪些?

项目一

畜产品市场与市场调查

【知识目标】1. 了解畜产品市场的概念、分类。
2. 熟悉畜产品市场的功能与作用。
3. 掌握畜产品需求与供给的关系。
4. 掌握市场调查的方法和步骤。

【职业能力】能针对某一畜产品开展市场调查。

【素质目标】1. 将市场功能常记于心,养成善于观察和分析市场的习惯。
2. 形成具体问题具体分析的工作作风。

任务一 畜产品市场

一、畜产品市场的概念

市场是商品生产和商品交换的产物。由于社会劳动的分工,人们为了满足不同的产品需要,就必须互相转让其劳动产品,也就必然产生商品交换。

从狭义上理解,畜产品市场是指畜产品商品交换的场所,这是人们习惯上理解的市场。具有一定的时间、地点和设施的市场,称为具体市场。从广义上理解,畜产品市场是指一定经济范畴的商品交换关系的总和。所谓"一定经济范畴"是指同商品、货币、价值、价格等相联系的商品经济范畴,它涉及生产、交换、分配和销售的各个环节。广义上的市场是反映商品交换的一切关系的总和,又称为抽象市场。

从上述两个含义来理解畜产品市场,它不仅是指以畜产品为主体的商品交换的具体场所,而且又指畜产品交换关系(包含畜产品市场上的各种复杂的经济关系)的总和,这种复杂的经济关系主要表现为以下几方面。

1. 畜产品市场交换关系更加广泛

在简单的畜产品生产和交换的条件下,畜产品市场进行的是直接的畜产品交换,如绵羊与谷物或绵羊与斧头的交换,这种物物交换只是所有权的相互让渡,并没有复杂的交换关系。而在复杂的、发达的商品经济条件下,畜产品市场就形成了广泛的商品交换关系,不仅有货币作为交换媒介，而且有中间商作为中介人，同时还有一定的市场设施和条件，如交易场所的牲畜围栏、冷冻仓库、屠宰场所、运输设备、融通资金等，在信息时代的今天更形成了网络交易平台，这就形成了复杂的交换关系。

2. 畜产品市场活动范围逐步扩大

随着畜牧业专业化和社会化程度的提高，市场活动不仅包括使畜产品从生产者流转到消费者（或用户）手中这一段的经济活动，而且延伸到畜产品产前活动（市场调查、产品开发）和售后工作（如收集消费者意见或市场对产品的反映）。可见畜产品市场活动过程比畜产品流通过程更长，反映了畜产品产前、产中和产后的各种关系。

3. 畜产品市场活动内容不断丰富

随着国民经济的发展，尤其是消费者收入的提高，消费者的需求从满足畜产品的数量，进而向满足高质量、多样化的畜产品及更优化的服务转变。为此企业不但要组织适销对路的畜产品供应，而且还要不断开发新产品，开展畜产品的精深加工，同时还要开展周到、优质的销售服务。畜产品市场活动的内容不断丰富，反映在市场上的各种关系也就更复杂。

二、畜产品市场的功能

畜产品市场是我国整体市场的组成部分，具有社会主义市场经济的系统性、开放性、竞争性和可控性等特征，主要有以下功能。

1. 交换功能

交换是商品的根本属性。畜产品生产者拥有自己产品的所有权，但他们又不需要那么多的产品，而消费者需要畜产品，他们又不拥有产品的所有权。通过市场交换，生产者让出产品所有权，消费者让出货币，解决了畜产品生产者与消费者在所有权上的矛盾，这就是畜产品市场的交换功能。

2. 供给功能

通过生产运输企业的贮存、运输、屠宰、加工及营销契约，将畜产品以适当的时间、地点和形式提供给消费者，这就是畜产品市场的供给功能。

3. 便利功能

畜产品市场交换的顺利进行，还需要其他的营销工作，如产品标准化、融通资金、承担风险、沟通信息等，这些营销工作为畜产品交换活动提供了便利，这就是畜产品市场的便利功能。

4. 导向功能

畜产品市场的导向功能是指通过畜产品市场供求关系的变化和价格杠杆来引导生产和消费。不论是畜产品商品还是特殊商品的生产，不论是生产者还是消费者，都得听从市场“指挥棒”的指挥，即实施计划的制订，也要以市场需求动向和市场预测为主要依据进行，而不能脱离市场需求另起炉灶。通过市场供求与价格导向，畜产品生产、计划、技术、劳力以及消费都朝着市场需求方向调整与发展，从而起到调节畜产品商品供求矛盾，引导公平竞争，实现优胜劣汰，推动要素优化组合，促进生产发展的作用。

三、畜产品市场的作用

1. 畜产品市场的积极作用

在健全的市场营销系统中，畜产品市场的三大基本功能可以发挥出来和产生效用，这对畜牧业经济发展具有重要的作用。

(1) 市场是实现畜牧业社会再生产的桥梁。畜牧业社会再生产过程是生产、分配、交换、消费4个环节不断循环的过程。这4个环节的活动都离不开市场。首先,畜牧业生产者要通过市场购买生产资料,进行生产要素的组合,才能使生产顺利进行;其次,要通过市场出售其产品,才能实现其价值,并获得一定的利润。国民收入的分配包括积累资金和消费资金的分配,只有借助于市场把货币转化为相应的生产资料和生活资料,才能最终实现。

(2) 市场是实现畜产品供求平衡的调节器。畜牧业社会的生产,客观上要求供给与需求相适应,但畜产品的产销、供求之间又经常处于不平衡状态。在商品经济条件下,市场就起着自发调节供求平衡的作用。这种调节作用是通过供求规律与价值规律来体现的,当市场上某种畜产品供不应求时,其价格就会上升,从而刺激生产,抑制消费;当市场某种畜产品供过于求时,其价格就会下降,从而刺激消费,抑制生产。

(3) 市场自发调节畜产品生产者、经营者与消费者之间的利益关系。畜产品市场上的交换关系,实质上是反映人与人之间的经济关系。这种经济关系主要表现在交换价格和交换条件上,畜产品价格提高,对供应者有利;畜产品价格下跌,对消费者有利。这种产销之间的经济利益矛盾,只有通过自愿互利、等价交换的原则,才能得到较好的解决。

(4) 市场具有促进分工和技术进步的作用。市场是竞争的场所,竞争和价值规律的综合作用的结果促进社会分工和技术进步。这是因为运用先进技术生产的畜产品物美价廉,在市场交换过程中就会得到更多的利益;相反,生产技术落后,畜产品质量次、价格高,在交换中得不到较多的利益,甚至会被市场淘汰。这就促使生产者分工分业,不断采用新技术,提高管理水平,降低产品成本,创造名优产品,以便在市场竞争中取得更多利益。

2. 畜产品市场的局限性

市场的作用也存在着局限性,其主要表现如下。

(1) 市场调节作用只有在完全竞争的条件下才能得到发挥。在垄断条件下,价格不能自发地上下波动,商品的供求规律和价值规律的作用受到限制。因此,市场也就无法通过供求与价格的变化来调节生产和消费。同时,市场自由竞争的结果必然导致垄断。

(2) 市场调节作用只有在微观经济领域内才能得到发挥。对畜产品来讲,上市时间的迟早、数量的多少和品种的增减,直接受到市场价格和供求状况的调节,但是市场对于畜牧业发展的方向和整个国民经济发展水平的调节作用是极其有限的。

(3) 市场调节生产的滞后性和盲目性。畜产品的市场价格变动对于其需求量的影响作用是很迅速的,价格上升,需求量马上减少。但市场价格调节供给量的重新形成,需要一段时间,因而市场调节生产具有滞后性和盲目性。

四、畜产品市场的分类

根据研究市场的角度不同,可按不同的标志对市场进行分类。对于畜产品市场,可按畜产品的用途及市场形成的特点进行分类。

(一) 按产品的用途分类

畜产品是人们重要的生活资料和生产资料,同样的猪肉,售给个人和家庭即为生活资料,而售给罐头厂即为生产资料。所以,畜产品市场按产品的用途可具体分为畜产品消费者市场、畜产品生产者市场和活畜活禽市场。

1. 畜产品消费者市场

在畜产品消费者市场中，消费者购买畜产品是为了满足消费者个人以及家庭成员的需要，并无牟利的动机。这类畜产品市场主要是以畜产品为主体的食品、服饰、文化用品市场。

(1) 以畜产品为主体的食品市场。这类市场按产品品种分类，主要有肉及肉制品、乳及乳制品、蛋及蛋制品、蜂蜜和蜂乳。

(2) 以畜产品为主体的服饰市场。这类市场按产品品种分类，主要有裘皮制品、皮革制品、羽绒制品等。

2. 畜产品生产者市场

在畜产品生产者市场中，生产者或企业购买畜产品是为了进一步加工，或为了再出售，并从中取得利润报酬。这类市场按初级产品的用途分为 4 类：食品原料市场、服饰原料市场、医药原料市场、生产资料原料市场。各类畜产品生产者市场由于性质、产品特点不同，因而形成不同的产销特点。

3. 活畜活禽市场

这类市场按产品的用途又可分为 3 类：役畜市场、幼畜市场、宠畜市场。

(二) 按市场形成的特点进行分类

我国畜牧业生产规模小而分散，特别是北部和西部的畜牧业分布在广阔的草原上，要适应城市对畜产品的集中消费(包括生产消费和生活消费)，就需要有一个集散过程，因此就形成了畜产品的不同类型的集散市场。我国畜产品市场按其形成的特点分为以下 3 类。

1. 畜产品产地市场

畜产品产地市场是指在畜产品产地直接收集或收购的市场，分布于各牧区的集镇，是定期或不定期的小型分散市场。

2. 畜产品中心集散市场

畜产品中心集散市场包括地区性的集散市场与全国性的集散市场，一般分布于大的集中产区、消费区、加工区或交通枢纽点。

3. 畜产品消费地市场

畜产品消费地市场主要分布在大中城市、工矿区等人口密集的地区。许多消费地市场与中心集散市场结合在一起，如乌鲁木齐既是新疆畜产品的集散市场，又是其最大的消费市场。

五、畜产品的需求与供给

凡市场交换，必有需求，也必有供给。先有消费需求，然后才会产生生产供给。供给和需求状况是企业经营的方向和晴雨表，所以掌握市场供给、需求及市场运行的基本原理，可以提高企业经营管理水平。

(一) 畜产品需求

1. 畜产品需求的概念

畜产品需求是指人们在一定时期内对某种畜产品的需求量。这种需求具有一定的数量界限，这个数量界限不仅取决于人们的消费需求欲望，而且在商品货币关系存在的条件下，它更主要的是取决于人们的购买力。所以畜产品需求是购买欲望和购买能力的统一,是有货币支付能力的有效需求,包括消费者个人对最终畜产品的需求,加工部门对某些中间畜产品的需求和畜产品的出口需求等。

2. 畜产品需求的特征

(1) 畜产品是人们生活中必需的消费品。随着生活水平的提高,消费结构的调整,食物结构的改善,畜产品的需求量在迅速增长。我国人口众多,人均畜产品消费与发达国家相比差距甚大,所以我国畜产品的潜在需求量大。

(2) 畜产品需求的可替代性。畜产品营养价值高,不仅含有丰富的蛋白质,而且还含有氨基酸和维生素。但由于同质畜产品的多样化,畜产品具有可替代性,如鱼价高了,可食用肉、蛋、奶;肉价高了,可食用鸡、鸭、鱼等。

(3) 畜产品需求的连续性和季节性。在我国,人们的消费习惯受气候变化的影响,不同季节对畜产品需求的种类和数量略有差异,通常表现在寒冷季节需求量增大,高温季节需求量减少。

(4) 畜产品的需求具有增长性。随着生活水平的提高,在所有食物中,人们对畜产品的消费会逐渐增加,对粮食的需要会逐渐减少。

(5) 畜产品的需求具有可诱导性。畜产品的需求弹性较大,选择性较强,可通过广告宣传等手段进行开导、启发和诱导,增强消费者对某一畜产品的购买欲望,使潜在需求变成现实需求。

(二) 畜产品供给

1. 畜产品供给的概念

畜产品供给是指生产者在某一时期内,在各种可能的价格水平下,愿意而且能够提供出售的某种畜产品的数量。畜产品供给要具备两个条件:有出售畜产品的愿望,有提供畜产品的能力。

2. 畜产品供给的特点

(1) 不稳定性。粮食产量与粮价的稳定性,在很大程度上决定着畜牧业生产,特别是猪、禽生产的稳定性。牧区靠天吃饭、养畜,其畜产品供给的不稳定性更为突出。

(2) 季节性。由于畜禽的生物学特性,饲料生产的季节性,形成了畜禽生产和供给的季节性。但随着畜牧业生产环境控制水平的提高,畜产品供给的季节性将日趋淡化。

(3) 时效性。鲜活畜产品不耐贮藏,易腐烂变质,难以远距离运输,在供应上具有很强的时效性。

(4) 二重性。农牧民既是畜产品的生产者,也是畜产品的消费者,其畜产品生产的总量、自食量和商品量左右着市场供给量的大局。

(三) 畜产品供求规律

畜产品供求是供给与需求这一对矛盾运动的统一体,总趋势是朝着总体平衡的方向发展。关于供求规律问题,西方经济学中早已下过定义,具体描述为市场供求决定市场价格,而市场价格又反作用于市场供求,从而自发地调节社会劳动在各生产部门的分配比例,使市场供求必然地由不平衡达到平衡。在社会主义市场经济条件下,畜产品市场价格与市场供求之间的互相决定、互相制约和互相作用是不以人们的意志为转移的客观存在的一条重要规律。从长期来考察，由于价格杠杆的调节作用，供求总是以“不平衡→平衡→不平衡→平衡”的形式不断地反复。实际上，市场供求状况不平衡是经常的，而平衡是偶然的，但总的趋势是向供求平衡方向发展的，这就是畜产品供求矛盾的规律性。正因如此，社会主义国家实行市场经济，谋求供求平衡，必须辅以宏观调控，充分发挥社会主义市场经济的优越性，供求平衡才能趋于实现。

任务二　市场调查

一、市场调查的概念

市场调查是根据一定的原则和运用科学的方法，有组织、有计划地搜集、整理和分析市场信息的过程。以便掌握市场的历史、现状及其发展趋势等情况，分析市场供求、营销、价格、竞争及经营环境等方面的相关情况，为企业和政府市场预测、决策提供依据。

二、市场调查的意义

市场是连接生产和消费者的桥梁和纽带。随着社会生产力的发展，商品经济不断发展，市场竞争日趋激烈，畜牧企业产品的销售问题日益严峻。企业为了完成畜产品价值顺利转变为使用价值，就必须对市场进行经常性的调查、分析和研究。所以市场调查是企业能够参与市场竞争并可持续发展的必备职能。市场调查的意义如下。

（1）市场调查是企业经营与决策的前提。预测和决策都是企业经营活动中的关键工作，需要对企业内部条件和外部环境仔细地调查、分析后才能拟定可行方案。因此，企业获取的信息是否及时、全面，研判的是否准确，将直接决定企业的预测和决策。

（2）市场调查是修正决策的依据。企业开发新产品、制订竞争策略、改进服务等经营决策，都必须建立在市场调查的基础上。市场调查对企业决策和计划的实施过程能起“矫正”作用，即由经常性市场调查取得的情报资料，可以对决策和计划进行修改、补充和完善，使经营决策更加切合实际。

（3）市场调查是提高经济效益的重要途径。通过市场调查，既可以了解供、销及消费者各方的现实需求和消费者的潜在需求，供、销及消费者各方对本企业生产、经营管理的意见建议，还可以了解同行及竞争对手的生产销售情况及经营策略等，从而改善本企业的经营管理，在不断开拓新市场，有效地维持和扩大市场占有率的基础上，提高经济效益。

三、市场调查的内容

（一）市场环境调查

企业的生存与发展离不开市场和社会，要使企业发展壮大，就要对企业所处的外部环境进行调查。其主要包括社会的发展水平、经济发展态势，政府的产业政策、法规、税收、财政、金融等调控措施和政府部门发布的经济预测等。调查的具体对象包括饲料市场、资金市场、科技市场、信息市场和物流市场状况的环境调查，不同地区、不同季节产品供求与价格变动的调查以及市场文化与企业文化环境方面的调查等。

(二) 消费者需求调查

消费者需求调查着重调查一个地区人口变化,人口构成,消费者购买力的变化,食物结构与需求结构的变化,潜在购买力的动向,消费者的购买动机、购买程序、购买行为、购买特点、购买人数的多少及其构成状况,消费者购买的习惯及其地区性、季节性规律,消费者对产品的价格、质量及营销服务的反应等。

(三) 生产供应情况的调查

生产供应情况的调查主要是指对畜产品的生产条件、生产水平、商品率、进出口情况和仓储、物流等进行调查,了解市场供应状况。

(四) 产品调查

产品调查的内容主要是消费者对畜产品价格变动的反应,掌握产品最适宜的售价、替代产品价格、产品批发价和零售价等,为企业制订与调整产品价格提供资料。此外,还要了解消费者对畜产品的规格、质量、包装的接受程度和评价意见等,为提高产品质量和改进服务提供依据。

(五) 竞争者调查

对竞争者的调查内容包括竞争者生产能力、市场占有率、成本、利润、销售渠道、售后服务、促销及其他竞争策略和手段等,为应对竞争提供依据。调查内容具体应包括以下两方面。

1. 竞争结构

了解当地市场直接竞争产品(如猪肉对猪肉)及间接竞争产品(如猪肉对牛肉、羊肉)的来源及其组成的基本情况。调查的主要问题:①直接竞争产品与间接竞争产品的主要对手是谁?②主要对手在当地的市场份额各占多少?③主要对手目前的生产能力有多大?扩大再生产的计划如何?准备发展的新品是什么?④分销渠道会不会被对手控制?

2. 销售价格

了解当地市场同类产品的售价,以便测算及为本方产品定价。调查的主要内容包括对手同类产品的进货价、批发价、零售价、让利价、关税、运输费用及利润等。

(六) 国际市场行情调查

国际市场行情调查主要是了解畜产品在国际市场上的供求情况,同时也对国际市场营销环境和活动进行调查,为畜产品走出国门、打入国际市场提供依据。

四、市场调查的方法

市场调查的方法很多,按调查对象的范围可分为全面调查与抽样调查;按调查时间是否连续可分为经常性调查与一次性调查;按调查方式可分为询问调查法、观察调查法、实验调查法、资料调查法和网络调查法等。现介绍几种常用的调查法,具体内容如下。

(一) 询问调查法

询问调查法是指调查者当面或通过其他方式直接向被调查者询问,取得第一手资料的调查方法，主要包括访问调查、座谈会调查、信函调查和电信调查 4 种方法。

1. 访问调查

访问调查是指调查者面对面地向被调查者询问有关问题，并随时记录，从而收集资料的办法。这种方法灵活、真实、反馈快，但调查范围有限、速度慢、成本高，适用于小样本调查。

例如，某公司为了了解消费者对猪肉、鸡肉、牛肉、羊肉、鱼肉 5 种肉类食物的偏好倾向，组织调查员深入超市进行市场调查。现场请 100 位消费者对这 5 种肉类进行评分，评分采用 10 分制，消费者对某种肉类的评分越高表示越喜欢。最后对调查结果进行统计分析，研究影响该地区、该季节消费者选择上述 5 种肉类食物的因素。

2. 座谈会调查

座谈会调查是指通过有目的地邀请某些畜产品生产者、经营者和消费者出席会议的方法进行调查。一般由 8～12 人为一组，在一名专业主持人的引导下对某个主题进行深入的讨论，时间通常在 2 h 左右。本方法适用于定性调查。

座谈会调查通常用于了解消费者对产品和服务的看法与需求，所获得的结果是定性的。同时，它也是定量调查之前必要的步骤之一，座谈会的一些结果可以作为定量调查问卷设计的基础。

这种方法调查的问题深入实际，参与者之间互动可以激发新的思考和想法，调查者能够直接、快捷、有效地获取所需信息，但费用较高。

3. 信函调查

信函调查是指将设计好的调查表邮寄给被调查者，请其填好后寄回，根据调查表内容了解情况的办法。这种方法调查区域广、回答问题时间充裕、成本低，但回收率低。

4. 电信调查

电信调查是指调查人员根据抽样设计要求，通过电话、电传向调查对象了解情况的方法。这种方法搜集资料速度快，方便快捷。

（二）观察调查法

观察调查法是指调查人员选择好调查项目直接到现场进行观察，在不需要与被调查对象沟通的条件下，通过对被调查对象的观察和记录来收集资料的一种调查方法，被调查者往往没有意识到自己是被调查对象，因而调查结果客观真实，但调查范围有限、成本高。

观察调查法一般用于某种特定的调查目的，它要经过调查人员系统地计划。调查人员要对所观察的内容进行详细的记录，观察的结果具有一定的有效性和可靠性。例如，调查人员通过对顾客购物行为的观察，了解某种商品的销售情况。

（三）实验调查法

实验调查法是指从影响营销的诸多因素中选取一项或两项因素，于一定条件下进行小规模实验，然后对实验结果做出分析、判断。实验调查法在市场调查中应用范围较广，凡是对某一种商品改变品种、式样、包装、设计、价格、广告或陈列方法时，均可应用这种方法。实验调查法科学、资料可靠，但费用高，应用时一定要注意实验区的代表性。实验调查法中最常用的是试销法。

试销法就是市场调查人员选择特定的地点，向目标顾客展示新产品进行产品试销，与潜在顾客一起对产品进行实际测试，请这些顾客将产品及价格与竞争对手的产品进行比较，然后将调查信息进行分析，形成结论，以供决策参考。试销是大部分企业采用的一种产品上市前的销售方法，对中小企业尤其有用，也符合“局部—扩散—全国性销售”的市场方略，同时又可以对产品进行修改，降低由产品开发非程序化带来的风险。

（四）资料调查法

资料调查法是指运用生产经营单位的已有资料，政府有关业务部门（如工商、税务、银行等）公开的统计资料、经济会议资料，市场信息网络、报纸杂志提供的信息进行市场调查，分析市场过去、现在的情况及其发展趋势，分析影响市场系统各个变量的相关性，推测调查内容的变化情况等。

（五）全面调查法

全面调查法是指一种全面性市场普查，这种调查适宜在小范围内进行，如对一些小城镇、小市场进行调查。全面调查法能全面摸清市场的情况，调查结果准确，对市场预测有重要作用，缺点是人力、财力、物力支出较高。

（六）随机抽样调查法

想知道一锅汤的滋味如何，没人会把整锅汤全喝完，只要舀一勺尝尝就可以了，在舀起一勺之前，人们还会把汤搅一下，让它更均匀，这就是随机抽样的方法。企业所面对的市场非常大，绝大多数市场调查是无法进行普查的，抽样调查法与尝汤的原理一样，把所有调查对象看成一个总体，从总体中随机抽取个体，对抽到的调查对象进行调查。我国现在推行的家庭收支调查、主要畜产品成本调查均采用这种方法，而有效的抽样，必须保证足够“均匀”，也就是足够随机、分散。

（七）网络调查法

随着互联网的普及与发展，人们传统思想观念的转变，网络调查为企业开展市场调查提供了一条便利途径，并将逐渐成为市场调查的一种主流趋势。

1. 网络调查的优势

相对于传统的市场调查，网络调查具有及时性、客观性、便捷性、经济性、互动性等优势。

2. 网络调查的形式

网络调查有直接与间接两种方式。

（1）网络直接调查。如果企业网站已经拥有固定的访问者，可以利用自己的网站开展网上问卷调查，设置留言板、论坛、新闻讨论组等；如果企业自己的网站还没有建好，可以利用别人的网站进行调研。网络直接调查一般只适合于特定问题的专项调查。

（2）网络间接调查。一般通过搜索引擎搜索有关站点的网址，然后访问所要查找信息的网站或网页，收集与企业营销相关的市场、竞争者、消费者以及宏观环境等信息。

搜索引擎一般采用分类层次目录结构，使用时可以从大类到小类进行搜索，直到找到相关网站。为提高查找效率和准确度，可以通过直接输入关键字进行查找。例如，在查找市场调查类的网站时，可以在搜索引擎主页的搜索栏内输入“市场调查”并确认，系统将自动找出满足要求的网站；如果找不到满足要求的网站，可以按照网页方式查找，系统将自动找出满足要求的网页。

由于不同搜索引擎之间有一定差异,一个网站或网页上所呈现的信息不够全面,因此同时搜索多个网站是非常必要的。

五、市场调查的阶段与步骤

市场调查是一个过程,是由许多不同的阶段、不同的步骤和不同的活动构成的有目的的动态过程,一般将市场调查的过程分为“四段、八步”,如图 1-1 所示。

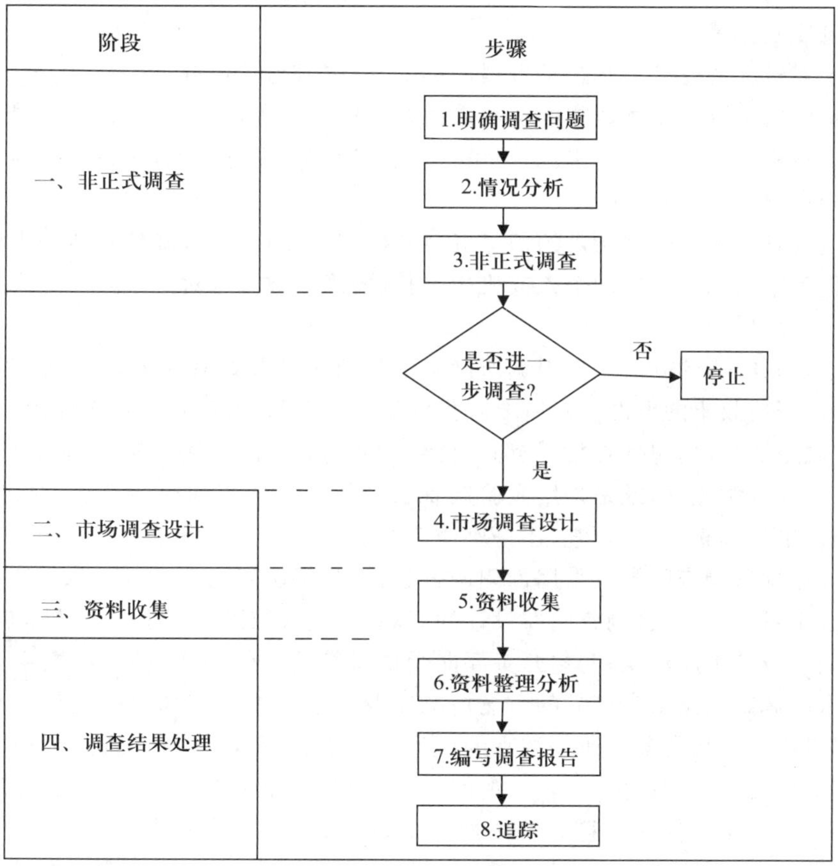

图 1-1　市场调查的阶段和步骤

(一) 非正式调查阶段

所谓非正式调查阶段就是对所要进行的调查课题进行非正式的摸底阶段。

步骤 1　明确调查问题

调查工作的组织者,根据在生产经营过程中发现的问题,提出调查的题目和具体项目。市场调查人员应搞清楚所要调查的问题及调查的目的。

步骤 2　情况分析

在明确调查问题的基础上,市场调查人员利用自己的知识和经验,对已经掌握的资料进行初步分析。分析涉及所要调查的问题本身、大致的范围、调查的可能性和难易程度等方面。通过情况分析,调查人员应对课题的基本框架有基本的了解。

步骤 3 非正式调查

市场调查人员可以通过与调查问题相关的或熟悉这方面情况的人士交谈，进一步了解有关情况，积累资料。

（二）市场调查设计阶段

步骤 4 市场调查设计

编制调查计划和实施方案，确定调查目的、调查对象、调查范围、调查方法、人员组织、经费预算和工作进度安排等。

(1) 确定对资料的要求。其包括资料的种类、范围、形式、数量等。

(2) 确定资料来源。市场调查的资料来源包括第一手资料来源和第二手资料来源。在市场调查设计时本着先第二手资料来源，后第一手资料来源，先近后远，先易后难的原则，从各种可能的来源中做出先、后的选择。

(3) 确定调查对象。根据所需的信息资料和确定的资料来源，确定具体的市场调查对象，不仅要确定作为市场调查对象的个人或机构，而且要确定被调查对象（样本）的规模，并在此基础上确定一定的抽样技术。

(4) 确定资料收集的方法。要根据所确定的资料来源和调查对象，并结合调查队伍的状况和预算，确定资料收集的方法。对所要收集的第二手资料，要确定是从企业内部还是外部收集，并要确定收集的方法，包括查找、征询、交换、购买等；对第一手资料，要确定是采用询问调查法，还是采用观察调查法，或是采用实验调查法。如确定选用询问调查法，要进一步确定是采用访问调查、电信调查、信函调查，还是座谈会调查。

(5) 设计和预试调查问卷。采用询问调查法，不管是访问调查、电信调查，还是信函调查，调查问卷是必不可少的，而且调查问卷设计的好坏，对调查结果会产生很大的影响。

在调查问卷设计中应注意，问卷开头要向受访者简要介绍问卷的背景，文字要亲切，态度要诚恳。如果所调查的是某类产品的市场情况以及厂家在整个市场中的地位，为了避免影响受访者，应尽量不让受访者知道所要调查的厂家以及委托调查、执行调查的公司名称；问卷的长短，可以因受访者对主题的关心程度、询问场所、调查对象类型、调查员训练程度而定，以不超过 30 个问题为宜，问卷中要避免模棱两可的问句；被调查者的基本资料，如姓名、年龄、职业、通信地址、受教育程度、经济收入等，应放在问卷末尾，由被调查者自愿填写。

调查问卷设计完成后，应先在小范围内试用，以便于发现问题，加以改进。这样有利于调查工作有条不紊地进行，也有利于使收集的信息资料更规范化，更具适应性，并方便此后的信息处理工作。

(6) 确定资料处理方法。对所收集的信息资料进行处理与分析是市场调查过程中的重要内容。在市场调查设计中，必须先对资料的处理与分析进行设计，确定资料处理的基本目标和要求，选择处理的具体方法、处理结果的形式等。

(7) 调查力量的组织。应根据调查工作量的大小和调查工作对调查人员的要求，确定调查人员的规模及人选。如果本单位人员不够，可以临时聘用一部分人员，或者把部分调查工作委托给代理者进行。在确定人员后，要进行分工和配备，形成组织体系，保证调查工作顺利进行。物力的准备也很重要，具体内容应视不同的项目而异，如调查问卷的印刷、观察器材的准备、询问调查所用礼品的准备、资料处理手段的准备等。

(8) 时间规划和经费预算。时间规划即日程安排,必须在保证满足项目完工的日程要求的前提下,充分考虑各项工作的逻辑顺序,各项工作的难易程度,调查力量的使用等因素,对市场调查进行精心设计。时间规划还必须考虑到种种意外情况的出现,留有充分的时间处理。

市场调查是一项开支较大的业务,预算往往成为市场调查活动的一个前提条件。预算应充分考虑到各项可能的开支因素,尽可能确切地估算可能需要的经费总额。在经费总额一定的条件下,要尽量合理分配,使用好资金,少花钱多办事,以提高资金的使用效益。

(三) 资料收集阶段

这是整个市场调查过程中的主体部分。

步骤 5　资料收集

按照修正好的调查计划,调查者分赴各调查地点实地开展正式调查,搜集各种具体资料。

(四) 调查结果处理阶段

步骤 6　资料整理分析

将搜集到的各种资料进行加工整理和分析,做好资料的核实和分类、统计汇总和分析工作,得出调查结果,并对调查结果进行处理。

步骤 7　编写调查报告

根据调查目的,写出相应的报告。报告要符合调查目的要求,应简要、客观、准确、重点突出,对于统计分析数据可用图表表示,要做到清晰明了。

步骤 8　追踪

调查报告的编写和提供,并不是市场调查过程的结束。继续追踪调查,对原结果进行补充、完善是十分必要的。

六、市场调查的案例分析

调查时间:2018 年 1 月 20 日至 30 日。

调查地点:某市城区的 8 个大型超市。

调查对象:调查时间内每天在超市购物的消费者。

调查方法:消费者现场答卷。

问卷数量:1 000 份。

回收问卷:965 份。

合格问卷:896 份。

调查目的:通过本次问卷调查,了解该市城镇居民对肉鸡和鸡蛋的消费量、消费者普及率、购买频率、产品偏好、购买地点等相关信息。

肉鸡与鸡蛋消费问卷调查

一、肉鸡

1. 请问您是否购买肉鸡?

A. 是　　B. 否

2. 请问您家几天购买一次肉鸡?

A. 每天购买　B. 每两天购买一次　C. 每四天购买一次

D. 每周购买一次　E. 每两周购买一次

3. 请问您家喜欢购买什么形式的肉鸡?

A. 整只鸡　B. 分割鸡　C. 活鸡现杀　D. 加工好的鸡

4. 请问您经常在哪里购买肉鸡?

A. 菜市场　B. 超级市场　C. 批发市场

5. 买活鸡时,您喜欢哪一类?

A. 白色肉鸡　B. 黑色鸡　C. 红色及花色鸡

二、鸡蛋

1. 请问您是否经常吃鸡蛋?

A. 经常　B. 不经常

2. 请问您喜欢哪种蛋壳颜色的鸡蛋?

A. 白壳蛋　B. 红壳蛋

3. 请问您每天吃几个鸡蛋?

A. 不到一个　B. 一个　C. 两个　D. 两个以上

4. 请问您在什么时间吃鸡蛋?

A. 早餐　B. 午餐　C. 晚餐　D. 宵夜

5. 请问您喜欢以什么方式烹饪鸡蛋?

A. 清煮蛋　B. 卤蛋　C. 煎蛋　D. 与菜或肉混炒

三、消费者个人信息

1. 性别

A. 男　B. 女

2. 年龄

A. 10 岁以下　B. 11～30 岁　C. 31～40 岁　D. 41～50 岁　E. 50 岁以上

3. 月收入

A. 3 000 元以下　B. 3 000～3 999 元　C. 4 000～4 999 元　D. 5 000 元以上

4. 地区

A. 东区　B. 南区　C. 西区　D. 北区

5. 职业

A. 高级主管　B. 职员　C. 工人　D. 退休人员

6. 教育程度

A. 初中及以下　B. 高中　C. 大专　D. 本科及以上

附:调查结果分析

一、肉鸡

1. 肉鸡消费者普及率为 72.5%。

以年龄区分,中年人(41～50 岁)肉鸡普及率最高,达 77.2%。

以收入区分,中高收入(月收入 3 000～4 399 元)人群肉鸡普及率最高,达 84.6%。

以地区区分,东区居民肉鸡普及率最高,达 87.4%,北区次之,达 75.8%。

以职务区分,高级主管肉鸡普及率最高,达 79.5%,职员次之,达 75.8%。

以教育程度区分,高中程度以上的人群肉鸡普及率较高,在 75%以上。

2. 在购买频率的选择上,被调查者基本是每周买一次。

3. 被调查者在对肉鸡形式偏好的选择上，整鸡与分割鸡所占比例平分秋色，各占 26.8％及 25.3％，活鸡现杀次之，占 16.4％。

4. 被调查者购买肉鸡的地点以菜市场为主，占 68.6％。

5. 被调查者对肉鸡颜色的偏好，以白色肉鸡最多，达 37.5％。

二、鸡蛋

1. 鸡蛋消费者普及率高达 91.1％。

以年龄区分，青年人(11～40 岁)鸡蛋普及率最高，占 91％，年龄因素变异不大。

以收入区分，中高收入(月收入 3 000～4 999 元)人群鸡蛋普及率为 100％，月收入 5 000 元以上为 95.5％。

以地区区分，北区与东区的居民鸡蛋普及率最高，分别为 94.6％及 95.8％。

以职务区分，高级主管鸡蛋普及率最高，达 94.9％。

以文化程度区分，大学以上程度的人群鸡蛋普及率最高，达 95.6％。

2. 被调查者对鸡蛋颜色的偏好，以白壳蛋为主，占 77.78％。

3. 被调查者平均每人每天吃一个以下鸡蛋(不到一个鸡蛋)。

4. 被调查者吃鸡蛋的时间以早餐居多，占 46.4％，晚餐及午餐的比例差不多。

5. 被调查者对鸡蛋烹饪方式的偏好，以煎蛋为主，占 61.0％，清水煮蛋与卤蛋次之，各占 11.9％及 11.1％。

项目小结

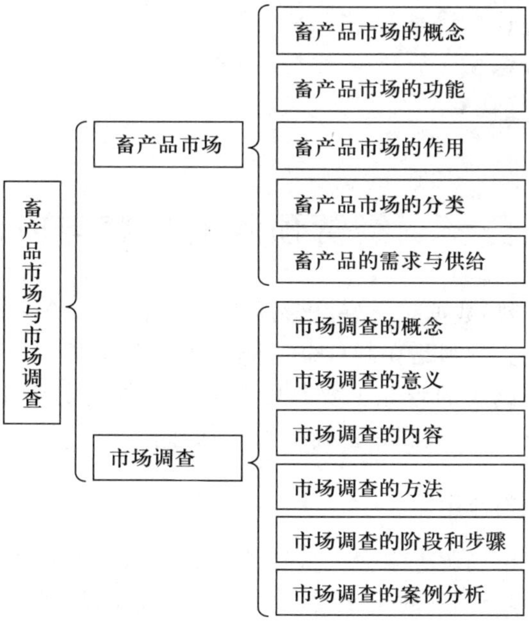

复习思考题

1. 解释概念：市场调查、经营决策。
2. 市场调查的方法有哪些？
3. 市场调查的阶段和步骤有哪些？

项目二

畜牧场经营预测、决策与适度规模的确定

【知识目标】1. 了解畜牧场经营预测与决策的概念、作用。
2. 熟悉畜牧场经营预测的方法。
3. 掌握畜牧场经营决策的方法。
4. 掌握畜牧场适度规模确定的方法。

【职业能力】1. 能针对某一畜牧场的实际情况确定其适度规模。
2. 能综合分析预测结果并做出初步决策。

【素质目标】1. 养成遇事不盲目，勤于观察，善于分析的习惯。
2. 具备认真计算，客观预测、分析的态度。
3. 具备综合分析及初步决策的能力。

任务一　经营预测的内容与方法

市场调查所获得的资料、数据是搞好经营预测的基础，而符合客观实际的经营预测是做出正确经营决策的前提条件。特别是在制订企业战略决策和中长期发展计划时，对未来的正确预测尤为重要。不少破产倒闭的企业主要是由于对市场变化趋势不能做出正确的预见和判断，做出了错误的决策。科学的预测是正确决策的基础。

一、经营预测的概念与作用

经营预测是指在通过市场调查掌握大量经济信息资料的基础上，运用科学的方法研判市场需求变化的规律和发展趋势，并对未来情况做出评估、预测与判断的方法或过程。

可以预测竞争对手产品对本企业产品的冲击程度，预测其产品开发方向及产品发展趋势，使企业根据所面临的形势，及时采取措施，有预见性地提高产品质量、价格、服务、交货期限等方面的竞争力，更好地争取中间商和消费者。

二、畜牧场经营预测的内容

预测与调查所包括的内容基本相似，不同的是，预测的目标是某个方面未来的变化趋势。

畜牧业企业应当预测的内容主要包括以下 7 个方面。

（1）国民经济和行业发展趋势的预测。作为畜牧业企业，应当预测国家在农业方面的政策调控、投资调控，国民经济增速及畜牧业发展增速等。

（2）市场需求预测。预测市场对产品的需要量及发展变化趋势，同时对消费者消费倾向、消费结构、消费心理等情况的变化进行分析判断。

（3）市场占有率预测。市场占有率是指本企业产品销售量占该种产品市场销售总额的百分比。在市场总需求不变的情况下，一家企业市场占有率的提高就意味着其他同类企业市场占有率的降低。所以，市场占有率预测实际上就是对产品竞争力的预测。

（4）技术发展预测。其是指对技术、工艺及材料等的创新、发展对产品供给和需求的影响做出估计。在预测时要考虑本企业技术发展的影响，更重要的是考虑与行业相关的所有技术发展的影响。例如，大多数畜产品是可以相互替代的（如肉食之间、奶制品之间、蛋类之间以及肉、蛋、奶之间），其中一种畜产品生产工艺的改进或技术的提高，导致供应量大幅度增长，生产者便有能力降低该畜产品的售价，从而影响其他相关畜产品的价格。

（5）产品寿命周期预测。每种产品从试制成功、正式生产、投放市场到退出市场的过程称为产品的寿命周期，一般要经历投入期、发展期、成熟期和衰退期 4 个阶段。每个阶段产品的销售量和销售特点都不相同，不同产品的寿命周期和每个阶段的时间长短也不相同。通过产品寿命周期预测，可以为不同产品制订不同的销售策略。

（6）资源预测。其是指对原材料、水源、能源等资源供应的保证程度、发展趋势以及价格变动情况的估计，是企业确定生产规模的重要条件。

（7）经济效益预测。其是指预测成本、价格、销售量等要素对企业经济效益的影响。

三、畜牧场经营预测的方法

经营预测的方法有一百多种，常用的三十多种，最常用的有十多种，基本上可以分为两大类，即定性预测法和定量预测法。这些方法各有所长，应根据企业和产品本身的具体情况以及掌握的情报资料、预测的时间和精度要求等分别选用。一般情况，预测方法越简单，应用越普遍，但预测效果越差。

（一）定性预测法

定性预测主要是以预测者的知识、经验以及对事物的性质特点、历史延续状况的综合分析为依据，进行非量化分析，并据以判断事物未来的发展趋势和发展方向。其优点是预测时间短、费用低、简便易行、实用性强，但往往预测结果不够准确，可信程度相对较差。市场定性预测方法很多，现介绍几种常用的方法。

1. 用户调查法

这种方法是预测者直接向用户了解预测期需要购买的产品品种和数量，同时调查用户意见的方法。这种方法的优点是预测结果接近实际，缺点是所需调查人员和费用较多，时间较长。例如，某奶粉公司主要供应几家大的批发站，如果要预测下一年度的奶粉销售量，则可以通过派人、去函、打电话、发电报、发传真或计算机网络等了解这些批发站下一年度的奶粉需要量，然后将各种数据汇总，得到下年的奶粉销售预测值。

2. 专家会议法

这种方法是依靠一定数量的专家(经理、市场营销专家等),通过信息交流取得预测结论。该方法的特点是:注重发挥专家的集团效应,通过专家的信息交流,促进创造性思维的发挥,从而得到富有成效的创造性成果,为科学的预测提供依据。该方法的缺点是,由于面对面讨论与交换意见,调查者往往受权威人士意见左右,有时受心理因素的影响也较大。

3. 综合意见法

综合意见法预测是由预测人员召集企业的管理者、业务人员和职能部门人员,根据已收集到的信息资料和每个人的经验,共同对未来市场做出判断预测,最后由预测者将预测意见集中起来,用加权平均法等进行数学处理,得到初步的市场预测结果。

(二) 定量预测法

定量预测法即在大量数据、系统资料的基础上,运用数理统计、数学模型或运用计算机对事物进行数量分析,判断未来市场供求、价格发展趋势和数量关系的一种预测方法。定量预测突出了事物的量化,所得结论比较客观,能避免人为因素的干扰和预测者的主观倾向,缺点是对有些重要因素难以量化,对资料本身的科学性和运用定量预测人员的素质要求较高。

1. 算术平均法

算术平均法是把过去若干时期预测目标的实际销售量之和除以所选资料时期的个数,得到平均数,并把它作为未来时期的预测值。其公式如下:

$$\overline{x_{n+1}}=\frac{x_1+x_2+\cdots+x_n}{n}$$

式中:$\overline{x_{n+1}}$表示平均值,即第 $n+1$ 期销售量的预测值;$x_1,x_2,\cdots,x_n$ 表示各时期的实际销售量;n 表示所选资料时期的个数。

【例 2-1】某鸡场 8 月、9 月、10 月的鸡蛋销售量分别为 100 t、110 t、108 t,则 11 月销售量的预测值为:

$$\overline{x_{11}}=\frac{x_8+x_9+x_{10}}{n}=\frac{100+110+108}{3}=106(\text{t})$$

2. 移动平均法

当所用观察数值含有季节性变动、周期性变动和随机性变动时,可用移动平均法消除这些因素的影响,分析时序数列的发展趋势。其做法是,用靠近预测值的各期实际销售量的平均数来预测。随着时间的推移,计算平均数所用的各个时期也等距离向后移动,例如,例 2-1 中鸡场 11 月的鸡蛋销售量为 106 t,在计算 12 月的预测值时,也要采用 3 个月的鸡蛋实际销售量来平均,只是采用的月份也应向后移动,即采用 9—11 月的鸡蛋实际销售量。这样,12 月的鸡蛋销售量的预测为:

$$\overline{x_{12}}=\frac{x_9+x_{10}+x_{11}}{n}=\frac{110+108+106}{3}=108(\text{t})$$

3. 加权移动平均法

加权移动平均法是以过去实际销售数乘以加权数的平均数为预测值的方法。其具体的做法是,对不同时期的资料给以不同的权数,近期资料的权数大,远期资料的权数小,然后计算各期观察值与对立的权数之积的和,再用总数去除,得出的商即为加权移动平均数。其计算公式为：

$$\overline{x_{n+1}}=\frac{f_1x_1+f_2x_2+\cdots+f_nx_n}{f_1+f_2+\cdots+f_n}$$

式中：$\overline{x_{n+1}}$表示第 $n+1$ 期销售量的预测值；$x_1,x_2,\cdots,x_n$表示各时期的实际销售量；$f_1,f_2,\cdots,f_n$表示各时期的权数。

例如，例 2-1 中，可规定最靠近预测值的 10 月权数为 3，9 月权数为 2，8 月权数为 1，则：

$$\overline{x_{11}}=\frac{f_8x_8+f_9x_9+f_{10}x_{10}}{f_8+f_9+f_{10}}=\frac{1\times100+2\times110+3\times108}{1+2+3}\approx107.3(\mathrm{t})$$

4. 季节指数法

季节指数法是考虑季节变动规律，对各季节做出预测的方法。在畜牧生产经营活动中，许多产品的产量、销售量、收购量和价格等随着季节而呈周期性变动，这种变动一般带有规律性。季节变动的特点是，每年反复出现有规律的周期变动，而且每年变动的幅度大体相似。根据商品变动的这一特点，就有可能将一组数列以年为周期找到逐年同月或同季的变化情况归纳为季节模型。季节模型是用 4 个季节或 12 个月所组成的一套指数来表示的，这套指数反映了商品季节变动的规律。因此，对于此类问题可以运用季节指数预测法，根据过去的资料，预测未来。

这种方法适用于主要受季节变动和不规则变动影响，而没有明显的长期趋势的时间序列预测。其季节指数的计算方法如下所示。

【例 2-2】表 2-1 中列出了 2000—2002 年每月的国内某地区鸡蛋价格，试应用季节指数预测法预测 2003 年每月的鸡蛋价格。

表 2-1　2000—2002 年国内鸡蛋价格变动表

月份	2000 年/(元/kg)	2001 年/(元/kg)	2002 年/(元/kg)	同期平均/(元/kg)	季节指数	2003 年预测值/(元/kg)
1	5.49	5.38	5.58	5.48	1.042	5.78
2	5.38	5.08	5.63	5.36	1.019	5.65
3	4.92	4.97	5.31	5.07	0.964	5.35
4	4.73	4.92	5.15	4.93	0.937	5.20
5	4.71	5.04	5.22	4.99	0.949	5.26
6	4.67	5.16	5.30	5.04	0.958	5.31
7	4.66	5.29	5.26	5.07	0.964	5.35
8	5.38	5.33	5.45	5.39	1.025	5.69
9	5.43	5.73	5.51	5.56	1.057	5.86
10	5.40	5.77	5.45	5.54	1.053	5.84
11	5.17	5.44	5.46	5.36	1.019	5.65
12	5.10	5.45	5.33	5.29	1.006	5.58
月平均	5.09	5.30	5.39	5.26	1.000	5.55

第一步：求历年来每年(12 个月)的平均价格。如 2000 年全年平均价格如下。

$$\overline{x_{2000}}=\frac{x_1+x_2+\cdots+x_{12}}{12}=\frac{5.49+5.38+\cdots+5.10}{12}=5.09(元/\text{kg})$$

依此类推，2001 年全年平均价格为 5.30 元/kg，2002 年全年平均价格为 5.39 元/kg。

第二步：求历年来各月的同期平均价格。如 2000—2002 年 1 月平均价格如下。

$$\overline{x_1}=\frac{x_{2000}+x_{2001}+x_{2002}}{3}=\frac{5.49+5.38+5.58}{3}=5.48(元/\text{kg})$$

依此类推，计算出 2000—2002 年 2—12 月同期平均价格列于表 2-1 中。

第三步：求历年来所有月的平均价格。可通过第一步计算的 2000—2002 年的平均价格计算平均值，结果如下。

$$\overline{x}=\frac{\overline{x_{2000}}+\overline{x_{2001}}+\overline{x_{2002}}}{3}=\frac{5.09+5.30+5.39}{3}=5.26(元/\text{kg})$$

第四步：求季节指数。

$$季节指数=\frac{历年来各月同期平均价格}{历年来所有月平均价格}$$

如 2000—2002 年 1 月的季节指数为：

$$1\ 月季节指数=\frac{历年来\ 1\ 月同期平均价格}{历年来所有月的平均价格}=\frac{5.48}{5.26}\approx 1.042$$

依此类推，计算 2—12 月的季节指数列于表 2-1 中。

第五步：预测下一年度(2003 年)12 个月的平均价格。

首先，计算 2001 年全年平均价格与 2000 年全年平均价格的比值：

$$x_1=\frac{5.30}{5.09}\approx 1.041$$

其次，计算 2002 年全年平均价格与 2001 年全年平均价格的比值：

$$x_2=\frac{5.39}{5.30}\approx 1.017$$

然后，应用几何平均数公式计算 2000—2002 年平均价格的平均增长值：

$$\overline{x}=\sqrt[n]{x_1\times x_2\times\cdots\times x_n}=\sqrt[2]{x_1\times x_2}=\sqrt[2]{1.041\times 1.017}\approx 1.029$$

最后，用 2000—2002 年平均价格的平均增长值乘以 2002 年全年平均价格，计算出下一年度(2003 年)全年的预计平均价格：

$$下一年度全年预计平均价格=1.029\times 5.39\approx 5.55(元/\text{kg})$$

第六步：应用季节指数求下一年度每个月的预测平均价格。

用 2000—2002 年每个月的季节指数乘以下一年度(2003 年)全年的预计平均价格，计算出下一年度(2003 年)每个月的预计平均价格。如下一年度(2003 年)1 月的预计平均价格为：

$$下一年度\ 1\ 月预计平均价格=1.042\times 5.55\approx 5.78(元/\text{kg})$$

依此类推，计算下一年度(2003 年)2—12 月的预计平均价格列于表 2-1 中。

5. 盈亏平衡点分析

我国的畜牧业生产从粗放的家庭副业型养殖向规模化、集约化方向逐步转变是畜牧业经营方式的一大进步。规模化、集约化养殖有利于采用先进技术和成套机械设备实行专业化、标准化生产；有利于在相对减少管理人员和共同生产费用、增加产量的同时提高劳动生产率；有利于节约共同性建设投资；有利于降低单位原料及产品的交易成本等。但是规模化、集约化程度的不断提高，也给畜牧生产带来了很多问题，如规模越大，对投入的成本、科技水平和管理水平的要求越高；饲养的畜群越集中，发生传染病的风险和造成的损失越大；养殖场周围地区环境污染严重；对饲料资源的依赖程度增高，饲料运输距离的增加会使生产成本提高；劳动生产率的提高，不可避免地带来失业人口的上升等。因此，在发展规模化、集约化养殖的同时必须考虑到资金、技术、疫病防治、劳动力就业和环保等问题。所以，畜牧业生产应重点发展以养殖专业户为基础的适度规模经营。

所谓适度规模经营是指在一定条件下的最佳规模经营，此时经营成本最小而经济效益最大。畜牧养殖业实行规模化、集约化经营，必须根据畜产品的产量、成本、价格和盈利之间的变化关系进行科学分析和预测，确定适度的经营规模。盈亏平衡点分析又称为量本利分析、保本点分析，是根据企业产销量、成本和利润三者之间的相互关系进行综合分析，用以预测利润、控制成本的一种数学分析方法。

畜牧养殖场在生产经营中，投入的人力、物力和资金等生产要素的价值构成生产的总成本，即：

总成本＝固定成本＋变动成本

固定成本是指不因畜产品产量变化而增减的费用，如土地、厂房、畜舍、车辆等固定资产折旧费、借贷资金利息、管理费等。

变动成本是指随畜产品产量变化而增减的费用，如饲料费、兽药费、水电燃料费等。产销量、成本、收入和利润的关系如图 2-1 所示。生产总成本和总收入都有随产销量的增加而升高的趋势；盈亏平衡点（*B* 点）是企业总收入线和总成本线相交点，其对应的畜产品产销量为临界（最低）产销量。如畜牧企业的产品产销量等于临界产销量，则不盈不亏；如畜牧企业的产品产销量大于临界产销量，则处于盈利状态，图中三角形 *SBY* 为盈利区域；如畜牧企业的产品产销量低于临界产销量，则处于亏损状态，图中三角形 *ABO* 为亏损区域。

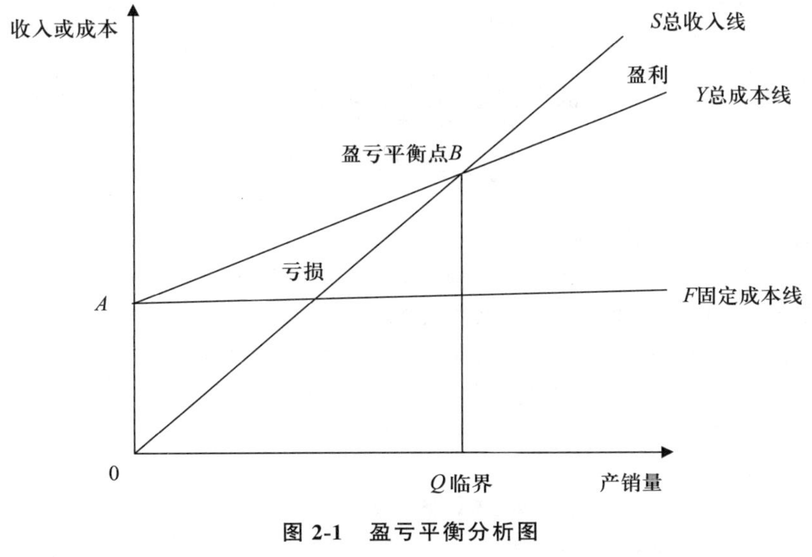

图 2-1　盈亏平衡分析图

畜牧企业要做到适度规模经营，首先要确定盈亏平衡点所对应的畜产品产销量，企业的生产经营规模应不低于盈亏平衡点对应的产销量，它是畜牧企业生产规模的下限。

（1）确定盈亏临界点的产销量。其计算方法如下。

$$S=PQ \tag{1}$$

式中：S 表示收入；P 表示售价；Q 表示产销量。

$$Y=F+CQ \tag{2}$$

式中：Y 表示总成本；F 表示固定成本；C 表示变动成本。

公式(1)－公式(2)，得：

$$R=S-Y=PQ-(F+CQ)=(P-C)Q-F \tag{3}$$

式中：R 表示盈利额。

根据公式(3)，得：

$$Q=\frac{R+F}{P-C} \tag{4}$$

当产销量处于盈亏临界点时，$R=0$，则根据公式(4)，得：

$$Q_{临界}=\frac{F}{P-C} \tag{5}$$

(2) 确定安全规模产销量。当畜牧企业的产销量超过盈亏临界点对应的产销量时，企业开始盈利，产销量超过盈亏临界点对应的产销量越多，企业盈利就越大，经营状态就越安全。通常把超过盈亏临界点30%的实际产销量称为“安全规模”产销量，用 $Q_{安全}$ 表示。

$$\frac{Q_{安全}-Q_{临界}}{Q_{临界}}\times 100\%=30\% \tag{6}$$

根据公式(6)，得：

$$Q_{安全}=1.3\times Q_{临界}=\frac{1.3F}{P-C} \tag{7}$$

(3) 确定目标利润产销量。前面推导的公式(4)即为目标利润产销量公式：

$$Q_{利润}=\frac{R+F}{P-C}$$

【例 2-3】 养猪场适度经营规模的确定

某养猪场全年固定成本支出为64万元，每出栏1头育肥猪的变动成本为1 100元，每头出栏猪平均售价为1 500元，平均每头繁殖母猪年产20头出栏猪。试确定：

(1) 该养猪场达到盈亏临界点对应的产销量时需饲养的繁殖母猪头数。

(2) 该养猪场达到安全规模产销量时需饲养的繁殖母猪头数。

(3) 该养猪场实现盈利56万元时需饲养的繁殖母猪头数。

该养猪场适度经营规模的分析如下。

(1) 达到盈亏临界点对应的产销量时需饲养的繁殖母猪头数。

已知 $F=640\ 000$，$C=1\ 100$，$P=1\ 500$，故：

$$Q_{临界}=\frac{F}{P-C}=\frac{640\ 000}{1\ 500-1\ 100}=1\ 600(头)$$

$$1\ 600\div 20=80(头)$$

按每头繁殖母猪年产 20 头出栏猪计算，该养猪场达到盈亏临界点产销量时需饲养繁殖母猪 80 头。

(2) 达到安全规模产销量时需饲养的繁殖母猪头数。

$$Q_{安全} = 1.3 \times Q_{临界} = \frac{1.3F}{P-C} = \frac{1.3 \times 640\ 000}{1\ 500-1\ 100} = 2\ 080(头)$$

$$2\ 080 \div 20 = 104(头)$$

按每头繁殖母猪年产 20 头出栏猪计算，该养猪场达到安全规模产销量时需饲养繁殖母猪 104 头。

(3) 实现盈利 56 万元时需饲养的繁殖母猪头数。

$$R = 560\ 000$$

$$Q_{利润} = \frac{R+F}{P-C} = \frac{560\ 000+640\ 000}{1\ 500-1\ 100} = 3\ 000(头)$$

$$3\ 000 \div 20 = 150(头)$$

按每头繁殖母猪年产 20 头出出栏猪计算，该猪场实现盈利 56 万元时需饲养繁殖母猪 150 头。

预测结果：该养猪场饲养 80 头繁殖母猪，可实现盈亏平衡；饲养 104 头繁殖母猪，可达到安全规模产销量；饲养 150 头繁殖母猪，可实现盈利 56 万元。

由上例可见，只要固定成本、变动成本和产品售价不变，即可在盈亏平衡的基础上适度扩大生产规模，增加产品产量，达到安全经营和计划的利润指标。

此外还要注意，即使畜牧企业现有的经营规模适度，也要注意产品的及时推销，若因销路不畅造成产品滞销，就会导致变动成本增高，影响收入；同时，不能忽视畜禽品种质量、饲料质量、饲养管理技术、环境条件控制和企业经营管理等因素对产量及效益的影响。

任务二　经营决策的步骤与方法

在市场竞争日趋激烈的情况下，企业经营决策将直接影响其兴衰和成败。为了在竞争中取得并保持优势，企业必须重视经营决策问题。

企业所有的经营管理活动都离不开决策。在企业管理的五大职能(决策、计划、组织、领导和控制)中，决策居于统帅、核心地位。在每一次决策活动中，决策的正确与否对整个事件的发展进程会起到决定性的作用。

一、经营决策的概念与内容

(一) 决策的含义

决策是指为了达到一定的目标，从多种方案中选出最佳行动方案的过程。广义的决策是指对多种目标、多种工作、多种手段做出最有利的选择。狭义的决策是指经济部门或企业在经营活动中，根据客观的可能性，运用科学的方法，选择最优方案，以确定未来奋斗的目标，以及为实现预定目标所采取的方针和重大措施。进一步讲，决策则是企业为了实现一定的经营目标，对市场调查和预测所得的经济资料和市场信息进行综合分析、系统计算，拟定几个可行性方案，经过试算对比，从中选择最优或最理想方案的过程。决策的实质是使生产经营的外部环境、内部条件、经营目标 3 方面的动态平衡更加深化的过程。

畜牧场经营决策是指畜牧企业为了实现总体发展和各种经营活动的目标，在市场调查和市场预测的基础上，运用科学的理论和方法，设计出多个备选方案，从中选择一个合理而又满意的方案，作为畜牧企业行动纲领的活动过程。简而言之，经营决策就是选择，就是拍板的过程。

在畜牧企业经营管理工作中，有许多经济问题需要解决，解决这些问题的方案、途径往往又是多种多样的，这就需要拿主意、下决心，做出最后的决策。因此，决策是经营管理中的一种普遍活动，大至远期和近期的目标确定，小至生产设备的购买、饲料的采购、人员的工作安排等。

（二）畜牧企业经营决策的内容

畜牧企业经营决策的领域十分广泛，概括起来大体包括以下7个方面。

（1）经营战略决策：确定企业发展方向、经营规模及扩张方式、核心竞争力的培育等决策。

（2）销售决策：市场的选择、销售渠道的选择、销售方式的选择、运输和储存方式的选择、销售量与销售季节的选择、销售价格的确定、销售服务内容和方式的确定，以及产品包装、商标和广告的种类、方法的选择等决策。

（3）生产决策：生产方针、场地选择、饲养方式、畜群周转、饲料配合、防疫程序、设备更新等决策。

（4）供应决策：物资供应渠道的选择、采购时间的决定、采购批量的规定等决策。

（5）投资决策：投资方向的确定、投资项目的选择、基本建设方案的选择、确定企业改造方案等决策。

（6）财务决策：投放资金的构成、贷款的时间与数量、其他资金筹集的方式与规模、资金的调度、资金的运用策略、产品成本或费用目标的确定、利润分配等决策。

（7）组织上的决策：管理机构的设置、职务的划分、作业组织的划分和组成成员的合理搭配、各种责任的确定、管理人员的任免以及考核、奖惩等决策。

二、畜牧场经营决策的步骤

（1）发现问题，组织调查研究。所谓问题，指的是现有状态和期望状态的差距与矛盾。畜牧企业在生产和经营过程中，需要时刻关注市场需求，发现问题，及时提交决策部门。决策部门依据得到的信息组织调查、找出差距、分析原因、统一认识，从而正确地做出决策。

（2）确定决策目标。根据所要解决的问题确定决策目标是决策过程中关键的一步。决策目标应做到可行与合理。所谓可行，是指实施措施能被群众接受，实施条件具备，有物质等方面的保证。所谓合理，就是经济上有利，可以满足社会的需要，决策目标必须方便执行和对照检查。为此应该做到：概念明确、选词恰当，避免含糊其词，一个目标只能有一个含义；各个目标主次分明；目标的时间和空间范围明确，实现目标的前提条件具体。

（3）拟定多种备选方案。备选方案就是供选择用的可行方案，拟定一定数量的备选方案是十分必要的。拟定备选方案要尽量做到内容详尽，所有可行方案的优点明确突出，各备选方案之间应有原则性区别，各自相互排斥，执行甲方案，就不能执行乙方案。设计者应从不同角度、不同途径设计出多种可行方案，进行对比分析，从中筛选出几个备选方案，预算出实施结果，为下一步评价、选优提供依据。

（4）评价与选优就是对筛选出来的几个备选方案，根据决策目标的具体要求，权衡利弊条件，选出接近决策目标的方案，进行补充、修改，力争完美无缺，最后确定为决策方案。

(5) 决策方案的实施与反馈。决策的目的在于解决生产经营活动中的问题，实现决策目标。同时，因影响决策的因素不断变化，决策方案在实施过程中会出现各种意想不到的情况，因此，必须注意信息反馈，随时修改、补充原方案的不足，保证决策目标的最终实现。由此可见，决策的过程实际上是一个"决策—执行—再决策—再执行"的过程。

三、畜牧场经营决策的方法

经营决策的方法有一百五十多种，常用方法三十多种，最常用的十多种。对于不同内容的决策应选用不同的决策方法。

经营决策的方法一般分为两大类：定性决策法和定量决策法。定性决策法又称主观决策法或决策的软方法，主要是依靠决策者的知识、经验和判断力进行决断的方法。定量决策法又称计量决策法或决策的硬方法，它是建立在数学基础上的决策方法，是把决策变量和决策目标之间的关系，用数学关系表示出来，建立数学模型，然后进行计量和比较，最后择优决断。在具体使用过程中，定性决策与定量决策不能截然分开。在实际中，这两种方法的密切配合、相辅相成，已成为现代决策方法的一个发展趋势。

(一) 定性决策法

定性决策又称主观决策，是指决策者依靠自己或专家的经验、知识和能力，对经营决策问题进行分析研究，提出决策目标和方案，并评价其可行性和合理性，然后进行优化方案选择。这种方法适用于那些社会因素影响较大、综合性较强、因素错综复杂的决策问题。

1. 头脑风暴法

头脑风暴法即面对面的讨论方式，是西方企业为了发挥职工集体的智慧，寻求合理化建议而举行的一种会议，在美国较流行。运用头脑风暴法，3 个小时就可以产生数十个乃至几百个创造性设想，比较适合于问题较单纯、目标较明确的决策，如新产品开发、质量改进、市场开拓途径等问题。

2. 电子会议法决策

电子会议法决策是借助计算机技术来进行决策，是新兴的群体决策方法，如意见调查法、德尔菲法都可以采用这种方法。这种方法的主要优点是匿名、诚实、迅速，参与者不透露个人信息而可充分发表自己的意见，同时消除了闲聊和讨论偏题，且不必担心打断别人的"发言"。

运用电子会议，要做好参与者意见的归纳整理工作。为了找到参与者意见的集中趋势，通常需要应用统计综合的方法。

3. 综合评分决策

对不同的决策方案设置多项指标评分，并根据指标的重要性予以加权的大小来抉择方案。在评分时要掌握 3 点：①选择重要性状或对方案有重要意义的指标；②以先进水平作为满分标准；③比较性状与指标的重要性，分别予以加权。

4. 模糊决策

模糊决策是运用模糊数学的方法对不同方案进行综合评价。也可在德尔菲法的基础上，用本方法进一步择优。一般而言，本方法是对不同方案的多种比较因素(因素集合)的加权值与评语矩阵乘积所得集合，并进行归一化处理等模糊运算，然后通过比较，确定最佳方案。

以上 4 种定性决策方法，有的简单，有的复杂，如同预测方法，简单的方法应用最广泛。定性决策方法简便灵活，能够充分发挥参与者的积极性和创造性，因而应用范围较广。但是这类方法通常都是建立在参与者个人直观的基础上，主观成分大，缺乏严格的论证，有时意见比较分散，甚至相互矛盾，使决策者难于做出决定。同时，参与者的选择又取决于决策者的意愿，以至参与者的意见经常会带有某种倾向性。所以，定性决策方法也有一定的局限性。

（二）定量决策法

1. 确定型决策

确定型决策是指未来事件的客观（自然）状态或实现条件是完全肯定的，决策的结果也是确定的各种决策。这类决策通常属于战术性的程序化决策。确定型决策的择优标准是收益最大或成本最小，即在若干方案中选取收益值最大者或成本值最小者作为最优方案。

【例 2-4】 某饲料加工厂购买玉米原料有两个可以选择的方案：甲方案的成本为 3 500 元/t，乙方案的成本为 3 400 元/t。在原料质量（营养成分）一致的条件下，可直观地看出乙方案成本最低，故乙方案为最佳方案。

2. 不确定型决策

不确定型决策是指在未来事件的条件和状态发生的概率不能确定情况下的决策，主要是凭决策者的主观估计和按照一定法则选择方案。不同的人所采取的态度不同，选取的最优方案不同，得出的结果不同，所以称为不确定型决策。不确定型决策的法则有 4 种：大中取大、小中取小、大中取小、机会均等。

【例 2-5】 某饲料厂准备投产一个新产品，但对未来销售情况的前景预测不准，可能出现高需求、中需求、低需求 3 种情况，而且估计不到 3 种情况可能发生的概率。企业通过科学的测算和估计，拟定出 3 个可供选择的方案，即新建一个车间，或扩建原有车间，或对原车间进行改造，3 个方案在 5 年内的经济效益见表 2-2。决策者可以根据不同的标准或原则选择一个他所满意的方案。

表 2-2 某饲料厂的损益估计 万元

状态	A 方案（新建）	B 方案（扩建）	C 方案（改建）
高需求	60.0	40.0	30.0
中需求	20.0	25.0	15.0
低需求	−16.0	0.0	8.0
方案内平均	21.3	21.67	17.7
方案中最大值	60.0	40.0	30.0
方案中最小值	−16.0	0.0	8.0

（1）大中取大法则：也叫乐观法，即从最好的打算出发来选择。最优的方案。按此法则，将各方案的最大收益值进行比较，5 年内新建方案（A）最大获利为 60 万元，扩建方案（B）最大获利为 40 万元，改建方案（C）最大获利为 30 万元，比较结果，取获利最大的新建方案（A）为最佳方案。

（2）小中取大法则：也叫悲观法，即从最坏的打算出发来选择最优的方案。按此法则，将各方案的最小收益值进行比较，即最不利的情况为 5 年内新建方案（A）亏损 16 万元，扩建方案（B）不亏不盈，改建方案（C）获利 8 万元，在最不利的情况下选择获利最大的改建方案（C）为最佳方案。

（3）乐观系数决策法：决策者对收益情况的估计既不乐观，也不悲观，而是在乐观与悲观之间用一个系数来折中一下，计算出各方案的折中损益值，然后从中选出最大折中损益值的方案作为决策方案。其计算公式如下。

$$折中损益值=a(最大损益值)+(1-a)(最小损益值)$$

式中：a 表示乐观系数，其值域为 $0 \leqslant a \leqslant 1$。乐观系数 a 是决策者根据经验和估计确定出来的，其大小取决于决策者对未来收益情况估计的乐观程度。当估计比较乐观时，$a>0.5$；当估计比较悲观时，$a<0.5$。例如，取 $a=0.8$，即对收益情况的估计比较乐观，计算如下。

A 方案的折中损益值为：

$$0.8\times 60+(1-0.8)\times(-16)=44.8(万元)$$

B 方案的折中损益值为：

$$0.8\times 40+(1-0.8)\times 0=32(万元)$$

C 方案的折中损益值为：

$$0.8\times 30+(1-0.8)\times 8=25.2(万元)$$

其中，A 方案的折中损益值最大，所以选择 A 方案为最优方案。

(4) 大中取小法则：也叫最小后悔决策法，即从最大后悔值中取最小值作为最佳方案。决策人因选错方案而未能获得最大收益值感到后悔莫及，所以从后悔值最小角度去选择最佳方案。后悔值是在相同状态下，最大收益值减去各方案的收益值所得的差值。通过计算得到的各方案的后悔值见表 2-3。每个方案都有一个最大的机会损失，在最大机会损失中选择机会损失最小的方案，作为最优方案。由表 2-3 中可见，扩建方案的后悔值最小，即 B 方案为最优方案。

表 2-3 最小后悔决策 万元

状态	A 方案(新建)	B 方案(扩建)	C 方案(改建)
高需求	0.0	20.0	30.0
中需求	5.0	0.0	10.0
低需求	24.0	8.0	0.0
最大后悔值	24.0	20.0	30.0

有人从状态变化的角度出发计算后悔值，即在同一方案中计算不同状态的后悔值。

(5) 机会均等法则：也称等概率法则，即以各种情况出现概率均等的假设为前提，依据等概率计算出各种方案的期望值，从中取期望值最大者为最佳方案。计算各个方案在 3 种状态下的平均值，然后进行选优。

通过计算得到的各个方案的机会均等值(平均值)见表 2-2，从中可以看出 B 方案期望值最大(21.67 万元)，可作为最优方案。

由上可知，对同一未来事件所做的决策常因决策人的态度不同，或运用的方法不同，产生的结果也不尽相同。决策人的态度一般可以分为 3 种类型：保守型、进取型和中间型。保守型的决策者小心谨慎，怕担风险，常用悲观法；进取型的决策者不怕担风险，常用乐观法；中间型的决策者则处于保守型与进取型之间，常用最小后悔法或机会均等法。不确定型决策除了受决策者的性格、心理因素影响外，更重要的是还常取决于决策信息的准确性、经营单位的经济实力以及决策者的知识经验、判断力和工作能力等因素。在实力雄厚、信息准确的条件下，经验丰富、判断力强的决策者常属于进取型，反之则为保守型。

不确定型决策还要求决策者准备应变的方案和措施，以便根据情况的变化，及时调整或改变行动方案，使之更符合客观实际。

3. 风险型决策

风险型决策是指未来发生的条件和状态的概率为已知的情况下的决策。根据已知概率，可计算出各种方案的期望值，从中取期望值最大者为最佳方案。尽管概率为已知，但这种状态不一定出现，因此尚存在一定风险，所以叫作风险型决策。

决策树法是风险型决策的特例，以图解的方式分别计算各方案在不同自然状态下的期望值，通过比较期望值，做出方案选择。这种方法直观明确，特别适用于复杂问题的多级决策。

决策树的构成有 6 个要点：决策点、方案枝、状态结点、概率枝、结果点、剪枝（图 2-2）。

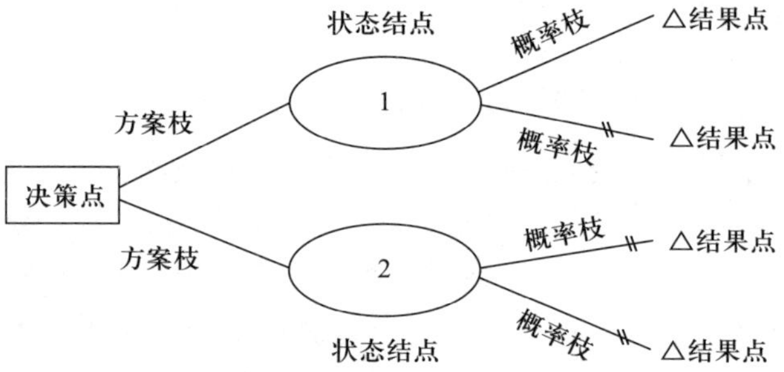

图 2-2 决策树结构图

绘制决策树的步骤：先画一个方框作为决策点；从决策点引出若干细线，每条细线代表一个方案，即为方案枝，方案枝上标明对应的方案或第几方案；在方案枝的另一端画椭圆，作为机会点或状态结点；由机会点引出的若干细线表示不同状况的概率，叫作概率枝（状态枝），概率枝上标明概率值；在概率枝的末端画三角，作为结果点（期望值），可以列出不同状态下的收益值。按照期望值法进行决策，除最佳方案外，在其他被淘汰的方案所对应的方案枝上划两道，叫作剪枝。这是单级决策树，也称简单决策树。

用决策树进行决策，一般按以下几个步骤进行。

（1）绘制决策树结构图。

（2）计算各状态结点的期望值，计算公式如下：

$$E = \sum Ptx$$

式中：E 表示期望值；P 表示概率值；t 表示年限；x 表示收益值。

由右向左计算，先根据客观状态发生的概率，分别计算各概率枝的期望值，遇到状态结点时将各概率枝期望值之和标在状态结点上。

（3）计算不同方案净收益值。将各状态结点上的数值与前面方案枝上的数值相加，哪个方案的汇总数值大就把它写在决策点上。

（4）剪枝。剪枝就是方案选优过程。从右向左逐一比较，凡状态结点数值汇总后小于决策点数值的方案一律“剪掉”，余下的方案就是最优方案。

【例 2-6】 某畜牧企业对未来 5 年乳制品销售状态预测的结果是出现畅销的概率为 0.3，一般销售的概率为 0.5，滞销的概率为 0.2。该企业生产乳制品若扩建生产车间，需投资 100 万元，若改建生产车间，需投资 50

万元。该企业在各种销售状态下的年销售利润如表 2-4 所示，问选何种方案最佳？

表 2-4　各种销售状态下的年销售利润　　万元

方案	畅销 $P=0.3$	一般 $P=0.5$	滞销 $P=0.2$
扩建	100	60	0
改建	80	50	15

（1）绘制决策树（图 2-3）。

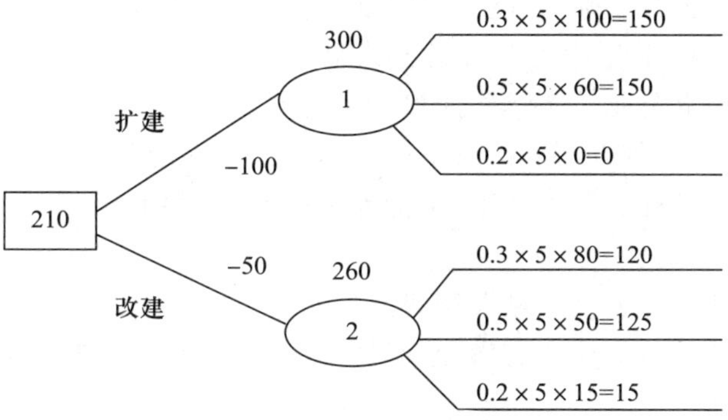

图 2-3　决策树

（2）计算各状态结点的期望值。

状态节点 1：$E_1=0.3\times5\times100+0.5\times5\times60+0.2\times5\times0=300$（万元）

状态节点 2：$E_2=0.3\times5\times80+0.5\times5\times50+0.2\times5\times15=260$（万元）

（3）计算不同方案的净收益值。

扩建方案净收益值为：$300-100=200$（万元）

改建方案净收益值为：$260-50=210$（万元）

（4）剪枝。

因为 210 万元＞200 万元，故应选改建方案为最佳方案。

任务三　畜牧生产适度规模

畜牧生产是在具体的生产技术条件和管理水平下，在一定的市场需求和规律的作用约束下进行的，这就要求畜牧生产在客观上总有一个比较适宜的规模来适应自身条件约束和市场需求。若畜牧生产规模过大，投入也过大，就必然受到资源、资金和市场等的约束，并且资金回收期长、经济效益差；若生产规模过小，资源得不到合理利用，形成不了规模优势，不能得到合理的经济效益，并且单位产品的成本相对过大，产品的价格较高，产品没有市场竞争力。因而，畜牧生产规模应在市场经济规律的引导下，全面衡量自身的各种条件和外部的各种约束，采用科学的方法来确定。

一、畜牧生产规模

畜牧生产规模是指畜禽的存栏量或生产能力的大小，一般以存栏量来表示。畜牧生产规模的确定是比较复杂和难以准确计算的，它涉及许多方面的影响因素，不仅受现在各种影响因素的影响，也受将来的各种因素的影响。畜禽存栏量的确定，是一个畜牧企业生产发展的战略问题，应在了解过去、把握现在、预测未来的基础上加以确定。

二、确定畜牧生产规模的原则

确定畜牧生产规模应坚持以下几条原则。

（1）综合考虑所饲养的畜禽在现在和将来的生产技术和市场需求等各方面的因素，既要稳妥，又要在科学预测的基础上有一定的风险意识。

（2）按市场的需求来合理确定规模。“国家调节市场，市场引导企业”已成为市场经济条件下的基本准则，市场的导向才是企业生存和发展的根本方向。

（3）考虑本地区和本企业的实际条件和资源情况，综合考虑饲料来源、加工能力、供应情况、资金情况、劳力、技术等各方面的约束条件，统筹考虑，确定畜牧生产规模。

（4）考虑合理利用已有的各种资源、设备等情况，在尽量降低单位生产成本的前提下，适当地扩大生产规模。

（5）考虑生产的利润。以获取最大利润为目的，来确定合理的生产规模。

（6）畜牧生产规模是一个动态的指标，不是一成不变的，它要随着市场需求和各种影响因素的变动而变动。

（7）以合理配置各种资源和合理组合各个生产要素为原则来确定畜牧生产规模，既要合理利用各种资源、减少浪费，也要考虑对环境的污染以及环境对畜牧生产的影响等问题。

（8）考虑各种畜产品的市场需求的周期性变动。

（9）以畜禽的种类、种群繁殖特点和繁殖水平、畜牧生产水平来合理确定畜牧生产规模。若畜禽的繁殖速度快、繁殖周期短，可以考虑适当降低存栏量，反之要加大存栏量；若畜禽的生产水平高，可以考虑适当降低存栏量，反之就要适当增大存栏量。

三、确定适度生产规模的意义

在市场经济条件下，企业的生存战略主要有两种：一种是“船大自然稳”，另一种是“船小好掉头”。“船大自然稳”是指企业依靠雄厚的资金、技术、规模和市场占有率等优势，在市场竞争中抗风险能力强，能经得起市场的冲击，击败其他竞争对手而占据优势。“船小好掉头”是指企业的资金、技术和规模比较弱小，在市场竞争中抗风险能力差，难以与大企业进行直接的竞争，但企业采取灵活机动的经营策略，采取“短、平、快”的经营方针，什么项目有利可图，就经营什么项目，快速投资，快速收益，一旦市场情况不好，可以迅速转变经营方向。确定适度生产规模具有以下意义。

（1）可以充分利用生产设备和场地，从而降低单位产品的固定成本。

（2）能使投入生产的各个生产要素得以合理的组合，有利于各个生产环节的相互协调，充分利用人力，提高饲养管理水平，发挥各种资源的作用。

（3）有利于实施新工艺、采用新技术，不断提高劳动生产率。

（4）可以获得最佳的经济效益。

（5）有利于企业在市场竞争中处于有利的地位，提高企业在市场竞争中的生存能力和发展能力。

应当看到，适度生产规模并不是一成不变的，它是随着科学技术的进步、饲养方式的改变、劳动者的素质提高、经营管理水平的提高和市场行情的改变而变化的，规模合理是相对的，不合理是经常的。作为企业的经营者、决策者就要经常根据各个因素的变化采取相应的对策，不断调整经营策略，力争适应市场发展的趋势。

四、适度生产规模的确定

确定适度生产规模的方法主要有以下几种。

（一）估算法

估算法是根据畜牧生产影响因素的大小来估计应发展的畜牧生产规模。

（1）根据市场占有率的估算法。通过市场调查，确定本地区和辐射区域的畜产品的需求总量以及本企业在市场上经过努力可以达到的市场份额，来估算本企业的生产规模。如经调查某地区的牛奶市场年需求总量为 500 t，某一奶牛场在该市场可以占到 20%的份额，则该奶牛场可以年生产 100 t 的牛奶。若该牛场的产奶牛年平均产奶量为 5 t，则该场产奶牛的存栏量应该保持在 20 头，

（2）根据资源的约束估算。根据饲料供给的情况、资金情况、人力情况来估算，具体的估算方法类似于根据市场占有率的估算法。

（3）根据现有条件估算。根据本场现有的条件，如房舍、场地、加工能力、交通情况等来估计。

（二）线性规划方法

将市场占有率、资源和现有条件等约束条件确定后建立线性规划方程，通过对线性规划方程的求解来确定适宜的生产规模。

【例 2-7】 饲养一头肉牛年需饲料 500 kg、用工时 60 个工作日、投入资金 1 000 元、占用房舍 2 m^3，每头牛可获收益 450 元。现该地区年需要 1 000 头肉牛，该场可以占到 50%的份额，该场可年提供饲料 600 kg/头、资金 400 万元、房舍 600 m^3。该场的生产规模应多大？

解 设该场生产规模为饲养 X 头肉牛，于是

$$\begin{cases} X_1 \leqslant 1\ 200 \\ X_2 \leqslant 400 \\ X_3 \leqslant 500 \\ X_4 \leqslant 300 \end{cases}$$

目标函数收益 $L=450X \rightarrow \max$

（三）回归分析方法

回归分析方法是调查本地区各养殖场的饲养规模与其收益情况的数据，并建立回归方程，然后选优求解。

【例 2-8】 经调查，某地区的个体养猪场的生产规模与收益之间的关系呈现如下规律：

$$Y=1.8X-0.02X^2$$

式中：Y 为养猪收益；X 为饲养规模。试确定该地区的最佳饲养规模。

解 对该回归方程选优求解

$$Y' = 1.8 - 0.04X$$

令 $Y' = 0$

于是 $X = 45$ 头

即该地区个体养猪场的最佳饲养规模为 45 头。

(四) 不确定型与风险型决策方法

对于确定畜牧生产规模的这一决策，可以采用不确定型与风险型决策方法来确定。

【例 2-9】 某养羊场生产头种羊的平均成本为 77.35 元，每头平均收入 100.71 元。如种羊销售不出去，则作肉羊销售，则每头羊将损失 30 元。根据该场 10 年的销售记录来看，销售 4 000 头种羊的有 3 年，销售 5 000 头种羊的有 4 年，销售 6 000 头种羊的有 2 年，销售 7 000 头种羊的有 1 年。那么，该养羊场来年应生产多少种羊？

解 由该场 10 年的销售记录来看，销售种羊 4 000～7 000 头，那么，来年种羊的生产规模也应是4 000～7 000 头。

1. 若生产 7 000 头种羊，则有以下 4 种可能。

(1) 销售 4 000 头，则赢利为：

$$4\,000\ (100.71 - 77.35) - 3\,000 \times 30 = 3\,440(\text{元})$$

(2) 销售 5 000 头，则赢利为：

$$5\,000\ (100.71 - 77.35) - 2\,000 \times 30 = 56\,800(\text{元})$$

(3) 销售 6 000 头，则赢利为：

$$6\,000\ (100.71 - 77.35) - 1\,000 \times 30 = 110\,160(\text{元})$$

(4) 销售 7 000 头，则赢利为：

$$7\,000\ (100.71 - 77.35) = 163\,520(\text{元})$$

但销售 4 000 头的可能性为 3/10，销售 5 000 头的可能性为 4/10，销售 6 000 头的可能性为 2/10，销售 7 000头的可能性为 1/10，所以，安排生产 7 000 头的期望利润为：

$$3\,440 \times 3/10 + 56\,800 \times 4/10 + 110\,160 \times 2/10 + 163\,520 \times 1/10 = 62\,136(\text{元})$$

2. 若生产 6 000 头种羊，则有以下 3 种可能。

(1) 销售 4 000 头，则赢利为：

$$4\,000\ (100.71 - 77.35) - 2\,000 \times 30 = 33\,440(\text{元})$$

(2) 销售 5 000 头，则赢利为：

$$5\,000\ (100.71 - 77.35) - 1\,000 \times 30 = 86\,800(\text{元})$$

(3) 销售 6 000 头，则赢利为：

$$6\,000\ (100.71 - 77.35) = 140\,160(\text{元})$$

但销售 4 000 头的可能性为 3/10，销售 5 000 头的可能性为 4/10，销售 6 000 头的可能性为 3/10（包括销售 7 000 头的可能性 1/10），所以，安排生产 6 000 头的期望利润为：

$$33\,440 \times 3/10 + 86\,800 \times 4/10 + 140\,160 \times 3/10 = 86\,800(\text{元})$$

3. 若生产 5 000 头种羊，则有以下两种可能。

(1) 销售 4 000 头，则赢利为：

$$4\,000\,(100.71-77.35)-1\,000\times 30=63\,440(\text{元})$$

(2) 销售 5 000 头，则赢利为：

$$5\,000\,(100.71-77.35)=116\,800(\text{元})$$

但销售 4 000 头的可能性为 3/10，销售 5 000 头的可能性为 7/10（包括销售 6 000 头的可能性 2/10，销售 7 000 头的可能性 1/10），所以，安排生产 5 000 头的期望利润为：

$$63\,440\times 3/10+116\,800\times 7/10=100\,792(\text{元})$$

4. 若生产 4 000 头种羊，则期望销售利润为：

$$4\,000\,(100.71-77.35)=93\,440(\text{元})$$

比较上述 4 种方案可以看出，以生产 5 000 头种羊的期望利润最高，故来年应安排生产5 000头种羊。

按此方法计算饲养规模时，要注意不同销量在历年中所占的比例，每个动物的平均获利和损失额的数据一定要准确，否则不能用此方法。

（五）盈亏平衡分析方法

利用盈亏平衡分析方法也可以确定畜牧生产的规模。

设畜牧生产企业的固定成本为 TFC，平均可变成本为 AVC，每个动物的年产值为 P_y，则企业在不亏不赢的生产规模（畜禽数量）Q 为：

$$Q=\frac{\text{TFC}}{P_y-\text{AVC}}$$

若企业要求获得一定利润 L 时，其生产的规模 Q 为：

$$Q=\frac{\text{TFC}+L}{P_y-\text{AVC}}$$

利用这两个计算公式，就可以计算出企业在经营平衡时或有一定利润要求时的生产规模。具体分析的例子请参看本项目任务一中例 2-3 的内容。

上面仅介绍了确定畜牧生产规模的几种方法，在畜牧生产实际中，确定畜牧生产规模是一项复杂的战略决策，决策者一定要高瞻远瞩，把握现在、展望未来，要综合地考虑各个方面的影响因素，既要科学、稳妥地决策，也要有一定的冒险精神，正确地把握有利时机，力争现在和将来都可以获得最大的利润。

（六）组合法

组合法是利用各种方法确定的规模的加权平均数来确定畜牧生产规模，计算公式为：

$$S=\sum P_iS_i$$

式中：S 为加权平均数；P_i是权重；S_i是第 i 种方法确定的规模。

【例 2-10】已知用估算法确定的某奶牛场的饲养规模为 85 头，用线性规划的方法确定的规模为 94 头，用不确定型与风险型决策的方法确定的规模为 90 头，用成本分析的方法确定的规模为 96 头。由经验可知，这 4 种方法的权重分别为：0.2，0.35，0.2，0.25。试利用组合法确定该场的生产规模。

解 由组合法的计算公式

$$S=\sum P_iS_i$$

得

$$S=0.2\times85+0.35\times94+0.2\times90+0.25\times96=92(\text{头})$$

即该场应养93头奶牛。

利用组合法确定生产规模时，要注意以下几个问题。

(1) 权重直接影响决策的结果，所以，权重的确定一定要慎重和科学。

(2) 各种方法所确定的规模要尽可能合理。

(3) 如果有某一种方法所确定的规模是合理的、科学的，并且最接近于实际情况，就不必再用组合法确定；当各种方法均不能较准确地确定规模时，采用组合法是比较合适的。

项目小结

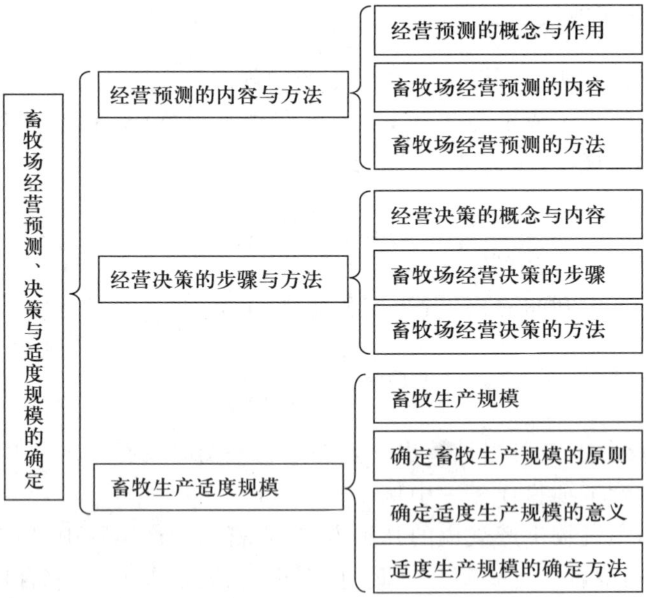

复习思考题

1. 解释概念：经营预测、经营决策。
2. 经营预测的内容与方法有哪些？
3. 如何确定畜牧企业的适度生产规模？
4. 经营决策的步骤与方法有哪些？

项目三

编制生产计划

【知识目标】1. 了解生产计划的概念、分类。
2. 熟悉畜牧场经营计划编制的流程。
3. 掌握畜牧场各类计划的编制方法。
【职业能力】能针对畜牧场的某一任务做出具体计划。
【素质目标】1. 养成按计划细致、周密办事的工作作风。
2. 具备制订畜牧场各类计划的能力。

任务一 经营计划

一、经营计划的概念

“经营计划”就是在国民经济整体发展的大背景下，根据市场需求和企业内外环境、条件变化，并结合长远和当前的发展需要，合理地利用人力、物力和财力，组织筹谋企业全部经营活动，以达到预期的经营目标的总体规划。简而言之，畜牧企业经营计划是指畜牧企业在一定时期内确定和组织全部生产经营活动的总体规划。

二、经营计划的分类

畜牧企业的经营计划多由长期计划、年度计划和阶段计划 3 个计划构成。三者之间既相互联系又相补充，形成了企业经营计划的体系。

(一) 长期计划

长期计划又称长期规划和远景规划，它是从总体上规划畜牧企业若干年的生产经营发展方向和安排重要经济指标。因此，编制长期计划对企业的发展前途至关重要。一个科学性、技术性、指导性很强的长期计划，是企业取得良好经济效果的决定因素。企业长期计划的期限一般是 5 年、10 年或 10 年以上，最好与国民经济长期规划或五年计划相一致。由于计划时期较长，影响企业经济活动的内外环境因素复杂且又是经常变化的，故这种计划不可能规定得十分详细和具体，一般包括下列几项内容。

(1) 目标规划：根据市场需求和变化趋势确定企业的经营方向(专业化方向)；规划企业内部各个生产部门的发展规模和发展速度；主要牲畜种类及畜种结构规划；各种牲畜年平均发展速度规划；品种改良方向规划；畜草平衡规划；主要畜产品产量和商品量规划。

(2) 经济收入规划：包括总产值、总支出、企业盈利指标以及完成的税金、企业积累、人均收入和文化福利等。

(3) 基本措施规划：完成规划目标必须有基本措施做保证。它主要包括土地(草场)利用规划、基本建设投资规划、技术措施规划及劳动力计划，也包括中近期的滚动计划，以及重大技术、经济措施等。

(二) 年度计划

年度计划是按一个日历年度编制的计划。年度计划是在长期计划的指导下，结合本年度的实际情况，确定各项经济指标，指导企业从事当年生产经营活动的纲领。它既是长期计划内容的具体化，又是制订阶段计划的依据，是企业计划体系的中心环节。年度计划是具体执行计划，因此，计划内容和确定的生产指标要求比较具体。畜牧企业在制订这类计划，确定当年生产经营的畜产品项目、数量、质量时，一定要符合市场的需要，贯彻"以销定产"的方针，做到产品适销对路。如果市场需求发生了变化，要对年度计划进行灵活的调整。

由于各畜牧企业经营范围、生产能力、技术运用和管理水平的不同，各企业的计划种类和具体内容存在着一定的细微差别，但其基本内容是一致的，主要包括以下几个方面。

(1) 土地利用计划(包括草场利用计划)。在已经掌握土地(草场)资源情况及其各种用地构成现状的条件下，针对上一年度在利用上存在的问题，制订出本年度的利用计划，调整土地利用构成比例，提高农用地、饲草饲料用地以及其他畜牧业用地的利用率和利用效果。

(2) 畜群生产计划。这是企业年度计划的中心内容，包括畜群交配分娩计划、畜群周转计划、各种畜产品产出计划等。

(3) 饲料供应计划。这是畜牧企业年度计划中最重要的计划之一。

(4) 基本建设计划。改善生产条件是发展生产的客观要求，是保证完成生产计划的物质基础。基本建设计划反映了企业计划进行基本建设的项目和规模，一般有草场改良建设计划、水源开发利用计划、植树造林计划、固定资产购置计划、畜舍和其他建筑物建设计划，也包括有关的投资计划和基本建设材料的生产与采购计划等。基本建设耗资多少，必须根据企业的实际情况，在不影响当年生产的条件下统筹兼顾，保证重点，量力而行，注重实效。基本建设项目从计划建设到建成投产，一般要经过以下几个阶段：编制计划任务书、勘察设计、计划安排、施工和生产准备、竣工验收。

(5) 劳动力利用计划。它反映了企业劳动力的分配和使用状况。根据劳动力定额、作业项目、生产季节的需要，确定劳动力的需求量；再依据企业实有劳动力情况，编制劳动力平衡表。通过供求平衡，合理使用劳动力，保证生产经营计划的实现。

(6) 物资供应计划。物资供应计划是指企业物资供应和管理部门，根据生产和建设的需要，向需用部门提供物资的经济活动安排。在畜牧企业中，主要是饲草饲料、兽药、种畜的供应；其次是基本建设物资供应和机械、油料等的供应。在编制这类计划时，要确定各种物资的需要量、库存量、自产量和采购量，要做到既满足对各种物资的需要，又不浪费和积压。物资供应要从生产出发，为生产服务，要严格监督和促使企业各部门合理使用和节约物资，努力降低物资消耗，提高经济效益。

(7) 种畜推广与畜产品销售计划。种畜推广计划是在畜产品计划的基础上，按照国家或有关部门规定的质量标准，从畜群或畜产品中选出一部分作为种畜、种禽或种蛋，为推广和普及畜禽品种而编制的计划；畜产品销售计划则是将留种后的其余部分，以商品形式销售出去，对这部分产品按季节或年度做出产品销售计划。

(8) 财务计划。这是用货币形式反映全年生产经营成果和各项消耗的计划。其内容包括企业内部各项收入计划、生产和管理费用支出计划、畜产品成本计划、固定资产折旧与维修计划和年度财务收支与盈亏计划等。通过财务计划的编制，不断地挖掘生产经营潜力，合理组织和利用各种资源，不断地降低畜产品成本，提高企业的经济效益。

以上各种计划相互联系、相互制约，构成了企业年度计划的整体。各个企业应根据本单位的实际需要和经营管理水平，制订出本企业的年度计划，其内容可以有增有减，但每一个计划的内容应简明扼要，避免庞杂。

(三) 阶段计划

阶段计划是以年度计划为基础，以完成年度计划指标为目的，按照畜牧业生产季节或作业阶段制订的一年以内的计划。

阶段计划是年度计划的具体化，它根据年度计划的要求，明确规定某一阶段的任务，具体落实到责任单位和责任人，以便在规定时间内按质、按量地完成。阶段计划的划分，因部门或生产项目不同而异，一般是按畜牧业生产季节进行编制，如转场期、配种期、整群期等，其内容有该阶段的起止时间，工作任务，质量要求，完成任务所需要的劳动力、资金和物资等。编制这一计划要注意上、下阶段的衔接，中心要突出，安排要全面，措施要具体。

任务二　生 产 计 划

生产计划是年度计划的中心内容，主要包括畜群生产计划(畜群交配分娩计划、畜群周转计划和畜产品计划)和原料供应计划。

一、畜群生产计划

(一) 畜群交配分娩计划

畜群交配分娩计划是按照家畜生长发育规律和人们预期的经济要求，使种畜适时进行交配分娩的预先时间安排。编制这一计划，可以提高种畜的利用率和繁殖率，经济、合理地利用劳动力资源、饲料和设备，同时为编制畜群周转计划打下基础。编制畜群交配分娩计划，先要确定交配分娩期和分娩类型，科学地组织种畜进行交配分娩。

交配分娩期不是简单地按自然规律，根据交配期推测出分娩期，而是按照经济规律的要求，根据生产经营计划的需要与种畜的可能，先确定出栏期、分娩期，然后再确定交配期。这样才能实现按计划生产畜产品的目的。

确定分娩类型，即选择季节型分娩还是选择陆续型分娩。季节型分娩可以充分利用天然饲料，避开季节的不利因素，有利于提高仔畜的成活率，但不利于提高资金、设备、劳动力的利用率；陆续型分娩则有利于均衡利用资金、设备、劳动力等，可以均衡地取得畜产品和收入，但因为季节和其他不利的因素，有可能降低仔畜的成活率。分娩类型的选择，要根据家畜的种类、生产任务和企业设备条件，因地制宜地决定。一般来说，为了保证均衡供应牛奶，保证乳制品加工业的生产，奶牛宜采用陆续型分娩。对于猪的交配分娩类型的选择，要看各养殖企业的具体条件，只要企业条件具备，生产又需要，就应采用陆续型分娩；否则，应采用季节型分娩。

1. 猪群交配分娩计划

猪群交配分娩计划是猪场实现再生产和扩大再生产的重要保证，又是制订猪群周转计划的重要依据，也是工厂化养猪安排畜舍、确定工艺流程的重要因素。编制猪群交配分娩计划要根据猪的自然再生产特点，合理利用猪舍生产设施，从生产实际出发，根据分娩时间和各方面的条件来确定交配时间和交配头数，完成生产计划。

对猪群进行合理分类是保证猪场有计划地生产和提高猪种质量的重要措施。根据年龄、体重、性别和用途，将猪划分为哺乳仔猪，断奶仔猪，育成猪，后备公猪、后备母猪，检定公猪、检定母猪，基本母猪、种公猪等类群。

【例 3-1】某一养猪场全年采用陆续型分娩，猪群数据资料见表 3-1 至表 3-6，基本母猪一年 2 胎，按平均每头每胎产 10 头仔猪计算；检定母猪按平均每头每胎产 10 头仔猪计算，测定一胎合格后转入基本母猪，仔成活率均按 90%计算。根据上面的资料，编制该养猪场的猪群交配分娩计划。

表 3-1 计划年初各种猪存栏头数

<table>
<tr><td rowspan="2">项目</td><td colspan="6">类群</td><td rowspan="9">合计 120 头</td></tr>
<tr><td colspan="2">种公猪</td><td colspan="2">基本母猪</td><td colspan="2">检定母猪</td></tr>
<tr><td>数量/头</td><td colspan="2">3</td><td colspan="2">23</td><td colspan="2">5</td></tr>
<tr><td rowspan="2">项目</td><td colspan="6">月龄</td></tr>
<tr><td>4</td><td>5</td><td>6</td><td>7</td><td>8</td><td>9</td></tr>
<tr><td>后备母猪/头</td><td></td><td></td><td></td><td>3</td><td>5</td><td>5</td></tr>
<tr><td>育肥猪/头</td><td>25</td><td>23</td><td>28</td><td></td><td></td><td></td></tr>
</table>

表 3-2 母猪配种月份和头数 头

类别	上年交配月份				计划年交配月份	合计
	9	10	11	12	1	
基本母猪	2	7	8	3	3	23
检定母猪			1	4		5

表 3-3 检定母猪转入基本母猪月份和头数 头

项目	转群月份					合计
	5	6	7	8	9	
转群头数	1	4	5	5	3	18

表 3-4　基本母猪淘汰月份和头数　　头

项目	淘汰月份				合计
	6	7	8	9	
基本母猪	3	3	0	2	8

表 3-5　计划年后备母猪出生月份和选留头数　　头

项目	出生月份						合计
	2	3	4	5	6	7	
选留头数	3	2	3	0	4	3	15

表 3-6　出售满 2 月龄仔猪月份和头数　　头

项目	出生月份							合计
	4	5	6	7	10	11	12	
选留头数	37	46	23	30	35	50	10	231

猪群交配分娩计划的编制步骤如下。

(1) 将表 3-2 中上年 9 月至计划年 1 月每月基本母猪配种数填入表 3-7 基本母猪年初交配数一栏内，每头基本母猪经过近 4 个月的妊娠期、1 个月的哺乳期和 1 个月的空怀期后进行第 2 胎配种，因此，上年 9 月配种的 2 头基本母猪经过 6 个月于计划年 3 月进行配种，其余基本母猪依此类推。

(2) 将表 3-2 中上年 11—12 月每月检定母猪配种数填入表 3-7 检定母猪交配数一栏内。后备母猪满 9 月龄将转入检定母猪群进行第 1 胎配种，表 3-1 中计划年初 9 月龄的 5 头后备母猪于下年 1 月转入检定母猪群进行第 1 胎配种，8 月龄的 5 头后备母猪于下年 2 月转入检定母猪进行第 1 胎配种，7 月龄的 3 头后备母猪于下年 3 月转入检定母猪进行第 1 胎配种。

(3) 每头检定母猪经过 4 个月的妊娠期、1 个月的哺乳期和 1 个月的空怀期，测定合格后转入基本母猪群。因此，上年 11 月配种的 1 头检定母猪经过 6 个月于计划年 5 月转入基本母猪群进行配种，其余检定母猪依此类推。

(4) 将表 3-4 中基本母猪淘汰月份和头数填入表 3-7 基本母猪淘汰数一栏内。

(5) 将表 3-7 中每月母猪交配数按下面的公式进行合计：

交配母猪数＝基本母猪年初数＋检定母猪转入基本母猪数－基本母猪淘汰数＋检定母猪数

(6) 按下面的公式计算表 3-7 中每月出生仔猪数，并进行合计：

基本母猪产仔猪数＝(基本母猪年初数＋检定母猪转入基本母猪数－基本母猪淘汰数)×每头每胎产仔数×仔猪成活率

检定母猪产仔数＝检定母猪数×每头每胎产仔数×仔猪成活率

出生仔猪合计数＝基本母猪所产仔猪数＋检定母猪产仔数

(7) 将表 3-7 中每列头数纵向相加计算全年各类猪的总数。

表 3-7　养猪场猪群交配分娩计划　　头

交配						分娩						
月份	交配母猪数					月份	出生胎数			出生仔猪数		
	基本母猪			检定母猪	合计		基本母猪	检定母猪	合计	基本母猪	检定母猪	合计
	年初	转入	淘汰									
9*	2				2	1	2		2	18		18
10*	7				7	2	7		7	49		49
11*	8			1	9	3	8	1	9	72	9	81
12*	3			4	7	4	3	4	7	27	36	63

续表 3-7

交配						分娩						
月份	交配母猪数					月份	出生胎数			出生仔猪数		
	基本母猪			检定母猪	合计		基本母猪	检定母猪	合计	基本母猪	检定母猪	合计
	年初	转入	淘汰									
1	3			5	8	5	3	5	8	27	45	72
2				5	5	6		5	5		45	45
3	2			3	5	7	2	3	5	18	27	45
4	7				7	8	7		7	63		63
5	8	1			9	9	9		9	81		81
6	3	4	3		4	10	4		4	36		36
7	3	5	3		5	11	5		5	45		45
8		5			5	12	5		5	45		45
总计	46	15	6	18	73	总计	55	18	79	495	162	657

注:“＊”表示为计划年上年的相应月份。

2. 乳牛群交配分娩计划的制订

现以某奶牛场为例,根据以下资料编制交配分娩计划。

(1) 计划任务指标资料:年终牛存栏数应达到 288 头,其中成年乳牛 212 头,计划年繁殖成活牛犊 232 头,计划淘汰老母牛 10 头,计划从繁殖成活的幼牛中,选 38 头作为后备牛,其余出售,幼公牛全部出售。该乳牛场不饲养种公牛,配种采取到种公牛站取得精液后通过冷配方式进行。

(2) 年初乳牛群的结构,见表 3-8。

表 3-8　年初乳牛群的结构　　头

类别	数量
乳牛	183
后备母牛(已成熟)	29
1～2 岁青年母牛	10
未满 1 岁幼母牛	38
合计	260

(3) 上年已交配的母牛数和交配时间见表 3-9。

表 3-9　上年已交配的母牛数和交配时间　　头

类别	月份												合计
	1	2	3	4	5	6	7	8	9	10	11	12	
母牛				9	11	16	18	23	25	18	16	14	150
后备母牛(已成熟)					2	2	3	5	5	6	4	2	29
合计				9	13	18	21	28	30	24	20	16	179

(4) 上年分娩后未交配的母牛 33 头,在计划年 1 月交配 10 头,2 月交配 9 头,3 月交配 4

头，其余10头育肥淘汰，不再交配。

（5）1～2岁和未满周岁的幼母牛在计划年的上年和前年出生的头数和出生的月份见表3-10。

根据牛的品种，后备母牛从出生后第16个月至第17个月即可交配，母牛怀孕期为9个半月(285 d)，在交配后第10个月内分娩，成熟母牛在分娩后一个月交配，第一次分娩的后备母牛在分娩后两个月交配。

表3-10　青年及周岁以下母牛出生的头数和出生的月份　　头

类别	月份												合计
	1	2	3	4	5	6	7	8	9	10	11	12	
1～2岁青年母牛（前年）										5	4	1	10
未满1岁幼年母牛（上年）	1	2	3	4	3	3	5	4	2	3	3	5	38

（6）假设牛的受孕率、产仔率和成活率均为100%；新生犊牛按公、母各半计算。

3. 编制交配分娩计划

根据上述计划任务指标和各项资料，编制乳牛群的交配分娩计划，如表3-11所示。

表3-11　乳牛群某年交配分娩计划　　头

分娩时间	分娩头数			各月份交配头数												交配总数
	母牛	后备母牛	合计	1	2	3	4	5	6	7	8	9	10	11	12	
去年分娩的母牛				10	9	4										23
今年分娩的母牛和青年母牛																
1月份	9		9		9											9
2月份	11	2	13			11	2									13
3月份	16	2	18				16	2								18
4月份	18	3	21					18	3							21
5月份	23	5	28						23	5						28
6月份	25	5	30							25	5					30
7月份	18	6	24								18	6				24
8月份	16	4	20									16	4			20
9月份	14	2	16										14	2		16
10月份	10	5	15											10	5	15
11月份	18	4	22												18	18
12月份	15	1	16													
1～2岁青年母牛				5	4	1										10
未满1岁的母牛							1	2	3	4	3	3	5	4	2	27
合计	193	39	232	15	22	16	19	22	29	34	26	25	23	16	25	272

（二）畜群周转计划

畜群在一定时期内，由于仔畜的出生、种畜的淘汰、育肥畜的购入和出售、仔畜从幼年组转到成年组等，经常发生数量的增减变化，这种变化过程就称为畜群周转。畜牧企业根据畜群结构的现状和经营计划的要求，确定计划期内畜群内部的数量增减变化和计划期末畜群的新结构的过程就是畜群周转计划。

畜群周转计划比较准确地反映了畜群在发展过程中，各类畜群的动态变化情况和期末所能达到的畜群结构，从而为编制畜产品计划、饲料供应计划、劳动力利用计划、资金计划以及基本建设计划等提供依据。所以说，畜群周转计划非常重要。

畜群周转计划编制出来后，其与企业的客观实际情况的符合程度，直接关系到企业经营目标能否实现，基本畜群能否保持不断扩大，期末畜群结构是否有利于长远发展。因此，在编制畜群周转计划时，必须充分考虑到各种因素的制约，需要编制出几个不同的可行性方案，进行对比分析，从中筛选出较好的方案，再进行补充完善，形成最优方案。

1. 猪群周转计划

猪群周转计划是以猪群交配分娩计划为基础，根据计划期内出生、生长、出售、购入、淘汰、屠宰等因素的变化而编制的。猪群周转计划是掌握计划期内猪群的变化情况，合理安排畜舍，充分、合理地利用自然资源、经济资源的依据，是组织和购入饲料，安排劳动力和制订养猪生产计划、资金预算和计算产值的基础。

猪群周转计划可以按年、按季、按月编制，工厂化猪场可以按周进行编制。编制猪群周转计划采用平衡法，即：

计划期初头数＋计划期内增加数－减少数＝计划期末存栏数

编制猪群周转计划的基础素材包括计划期初猪群结构状况，猪群交配分娩计划，淘汰种类、头数和时间，出售仔猪及肉猪的数量，计划期内生产的任务，购入数量、时间及计划期末存栏数；还包括该养猪场采用自繁自养的经营模式，后备母猪满 8 月龄配种，肉猪满 6 月龄出栏等限定性因素的设定。

下面仍以上述养猪场的数据资料为例，在编制猪群交配分娩计划的基础上，说明猪群年度周转计划的编制步骤。

（1）将表 3-1 中计划年初各种猪存栏数填入表 3-12 年初数量一列内。

（2）根据表 3-1 至表 3-6 的资料，该猪场全年没有引进种公猪，也没有淘汰种公猪，因此在表 3-12 中，种公猪 1—12 月每月数量均填写 3，与年初数量相同。

（3）根据表 3-3 和表 3-4 的资料，按照下列公式计算 1—12 月每月基本母猪数，并填入表3-12 中：

月基本母猪数＝上月存栏数＋月检定母猪转入数－月基本母猪淘汰数

（4）根据表 3-5 的资料，将每个月选留的后备母猪数填入表 3-12 中 3 月龄后备母猪一行中。2 月出生的 3 头后备母猪于 4 月达到 3 月龄，在 3 月龄后备母猪所在行与 4 月所在列相交的位置上填写 3，其余后备母猪依此类推；年初后备母猪与每月选留的后备母猪，每经过 1 个月增加 1 个月龄，依次向下填写。后备母猪满 9 月龄以后转入检定母猪群。

（5）根据表 3-3 和表 3-12 的资料，按照下列公式计算 1—12 月每月检定母猪数：

月检定母猪数＝上月存栏数＋月后备母猪转入数－月转入基本母猪数

（6）将表 3-7 中计划年各月出生仔猪数填入表 3-12 中 1 月龄仔猪所在行，经过 1 个月增加 1 个月龄，依次向下填写 2 月龄仔猪每个月的数量。仔猪满 2 月龄以后，减去选留的后备母猪数和出售的满 2 月龄仔猪数，其余转入育肥猪群。

（7）根据表 3-4 的资料，将每个月淘汰的基本母猪数填入表 3-12 中“淘汰猪育肥 1 个月”所在行中。

（8）根据表 3-6 的资料，将每个月出售满 2 月龄仔猪数填入表 3-12 中“出售满 2 月龄仔猪”所在行中。

（9）根据表 3-12 的资料，按照下列公式计算 1—12 月每月育肥猪数并填入表中：

月育肥猪数＝上月 2 月龄仔猪数－选留的后备母猪数－出售的满 2 月龄仔猪数

年初育肥猪与 3 月龄育肥猪，每经过 1 个月增加 1 个月龄，依次向下填写。育肥猪满 6 月龄以后出售。

（10）根据表 3-12 的资料，按照下列公式计算 1—12 月每月出售育肥猪数并填入表中：

月出售育肥猪数＝上月满 6 月龄育肥猪数＋“淘汰猪育肥 1 个月”数

（11）将表 3-12 中每列数据按照下列公式纵向相加，计算全年每月各类群总数：

月各类猪总数＝种公猪数＋基本母猪数＋检定母猪数＋仔猪数＋后备猪数＋育肥猪数＋淘汰猪育肥数

（12）填写表 3-12 中计划年末各类猪头数，数量与 12 月份头数相同。

表 3-12　养猪场猪群年度周转计划　　头

组别		年初头数	月份												年末头数
			1	2	3	4	5	6	7	8	9	10	11	12	
种公猪		3	3	3	3	3	3	3	3	3	3	3	3	3	3
基本母猪		23	23	23	23	23	24	25	27	32	33	33	33	33	33
检定母猪		5	10	15	18	18	17	13	8	3	0	0	3	5	5
仔猪	1 月龄		18	63	81	63	72	45	45	63	81	36	45	45	45
	2 月龄			18	63	81	63	72	45	45	63	81	36	45	45
后备猪	3 月龄					3	2	3	0	4	3				
	4 月龄						3	2	3	0	4	3			
	5 月龄							3	2	3	0	4	3		
	6 月龄								3	2	3	0	4	3	3
	7 月龄	3								3	2	3	0	4	4
	8 月龄	5	3								3	2	3	0	0
	9 月龄	5	5	3								3	2	3	3

续表 3-12

组别		年初头数	月份												年末头数
			1	2	3	4	5	6	7	8	9	10	11	12	
育肥猪	3 月龄				18	23	33	37	42	41	42	28	31	26	26
	4 月龄	25				18	23	33	37	42	41	42	28	31	31
	5 月龄	23	25				18	23	33	37	42	41	42	28	28
	6 月龄	28	23	25				18	23	33	37	42	41	42	42
淘汰猪育肥一个月								3	3	0	2				
出售满 2 月仔猪						37	46	23	30			35	50	10	
出售育肥猪			28	23	25	0	0	0	21	26	33	39	42	41	
合计		120	110	150	206	232	258	280	274	311	359	321	274	268	268

从上述猪群周转计划的编制过程可以看出，该计划的完成可以保证养猪场经营计划目标的实现，能完成基本生产任务和扩大再生产的要求。年终存栏猪共计 268 头，较年初头数增加 123.3%，其中种公猪 3 头，基本母猪 33 头，检定母猪 5 头，保证了配种的需要；年末后备母猪 10 头，为下年度猪群的发展打下了良好的基础。

2. 乳牛周转计划

乳牛周转计划是编制饲料供应计划、劳动力需求计划、基本建设计划的依据。

(1) 编制乳牛周转计划时需掌握的基础素材：年初各种牛的存栏数；计划年末应达到的存栏数；根据交配分娩计划，计算繁殖成活的犊牛数；计划年内各种牛购入数；计划出售的幼牛数或成乳牛数；计划年淘汰牛的数量。

(2) 根据资料和牛群交配分娩计划编制牛群周转计划，见表 3-13。其步骤如下。

①明确转组和本计划平衡条件。牛的转组由畜龄较小的组转入育龄较高的组，“转出”与“转入”数相对应，即二者相等。周转计划的平衡关系是：

计划期初数＋计划期增加数－计划期减少数＝计划期末数

②分别计数各组的增减变化数，根据转组关系把其数量填入转出或转入相关栏内。

表 3-13　牛群周转计划　　头

组别	计划年初头数	增加			减少			计划年终头数
		繁殖	购入	转入	转出	出售	淘汰	
母牛	183			39			10	212
后备母牛(已成熟)	29			27	29			27
1～2 岁青年母牛	10			11	10			11
未满 1 岁幼母牛	38			38	38			38
计划年出生的小母牛		116			38	78		
计划年出生的小公牛		116				116		
合计	260	232		115	115	194	10	288

3. 鸡群周转计划

鸡群周转计划是各项计划的基础，只有制订出鸡群周转计划，才能根据鸡群数量和生产指标编制产品生产计划、饲料供应计划等。鸡群周转计划根据本场的生产计划，一般以表格形式列出场内全年各月饲养鸡群的数量。

以一个饲养10万只产蛋鸡的养鸡场为例(表3-14)，该场有10栋鸡舍，每栋约隔一个月进一批20周龄育成母鸡1.16万只。进鸡当月的前半个月为鸡舍清洗消毒时间，后半个月养鸡。当月养鸡以半数计，故表上只有5 800只。以后12个月，每月死亡与淘汰率为0.78%，全年死亡与淘汰率为10.44%，每栋鸡舍饲养日母鸡每月按此死亡淘汰数扣除而变动，每月将各栋鸡舍数相加，得到该月全场饲养母鸡数。

表3-14　鸡群周转计划　　只

月份	栋别(饲养日母鸡数)										合计
	1	2	3	4	5	6	7	8	9	10	
1	11 500	11 400	11 300	11 200	11 100	11 000	10 900	10 800	10 700	10 600	110 500
2	11 400	11 300	11 200	11 100	11 000	10 900	10 800	10 700	10 600	10 500	109 500
3	11 300	11 200	11 100	11 000	10 900	10 800	10 700	10 600	10 500	10 400	108 500
4	11 200	11 100	11 000	10 900	10 800	10 700	10 600	10 500	10 400	5 800	103 000
5	11 100	11 000	10 900	10 800	10 700	10 600	10 500	10 400	5 800	11 500	103 300
6	11 000	10 900	10 800	10 700	10 600	10 500	10 400	5 800	11 500	11 400	103 600
7	10 900	10 800	10 700	10 600	10 500	10 400	5 800	11 500	11 400	11 300	103 900
8	10 800	10 700	10 600	10 500	10 400	5 800	11 500	11 400	11 300	11 200	104 200
9	10 700	10 600	10 500	10 400	5 800	11 500	11 400	11 300	11 200	11 100	104 500
10	10 600	10 500	10 400	5 800	11 500	11 400	11 300	11 200	11 100	11 000	104 800
11	10 500	10 400	5 800	11 500	11 400	11 300	11 200	11 100	11 000	10 900	105 100
12	10 400	5 800	11 500	11 400	11 300	11 200	11 100	11 000	10 900	10 800	105 400
总计											1 266 300

(三) 畜产品计划

畜产品计划是反映畜牧企业生产畜产品情况的计划，如猪的育肥增重计划、奶牛的产奶计划以及禽的产蛋计划等，因畜禽的种类与其产品的不同，内容和指标不同，其产品计划应分别进行编制。

1. 育肥猪场的产品计划

育肥猪场的生产任务是以最少的饲料消耗及其他支出，在最短的饲养期内取得高产、优质的猪肉，保证按时、按量、优质地供应市场，并获得最佳经济效益。产品计划可根据猪群周转计划中每月出售育肥猪的数量和出栏体重编制。编制这一计划时，正确确定出栏体重是十分重要的环节。从育肥猪正常日增重的情况来看，本地猪和用长白、大约克夏公猪作父本的二元杂交猪出栏体重以75～85 kg为宜，三元杂交猪出栏体重以85～100 kg为宜，瘦肉型猪出栏体重以100～110 kg为宜(表3-15)。

表 3-15 不同体重育肥猪的料肉比

活重/kg	日增重/kg	日耗料/kg	料肉比
10.00	0.393	0.95	2.4∶1
22.50	0.544	1.45	2.7∶1
45.00	0.762	2.40	3.1∶1
67.50	0.816	3.00	3.7∶1
90.00	0.816	3.50	4.3∶1
110.00	0.816	3.75	4.6∶1

从表 3-15 可以看出，猪的体重越小，饲料利用率越高。就日增重变化分析，当猪的体重达到 67.50 kg 时，日增重不是随着体重的增加而上升，而是随着饲料消耗量的增加停滞在一定的水平上；当体重超过 110 kg 时，每增重 1 kg 所耗费的饲料则大为增加。因此，在编制育肥猪场的产品计划时，应根据育肥猪生长发育规律、生产经营方向、经济效果和当地气候条件等，确定最适宜的出栏体重。

2. 奶牛场的产奶计划

它是根据每头奶牛的全期生产情况进行编制的。奶牛一般每年产犊 1 次，每次分娩后开始泌乳，泌乳期一般为 10 个月。

奶牛的产奶量受多种因素制约：①奶牛的品种和个体生产性能不同，其产奶量有高低差别；②奶牛的年龄不同，产奶量大体上是随着年龄的增长而增加，当达到高峰期后，又随着年龄的增长而下降；③奶牛在不同的泌乳月的产奶量存在差异，第 3 个泌乳月达到泌乳高峰，以后逐月下降；④其他因素，如泌乳季节、奶牛自身的营养状况等对产奶量均有影响。

编制奶牛产奶计划的关键是把泌乳月的产奶量换算为日历月的产奶量，其换算公式是：

$$日历月产奶量=\sum(泌乳日产奶量\times泌乳日数)$$

【例 3-2】 某头奶牛的第 1 个泌乳月是从计划年的 1 月 16 日至 2 月 15 日，第 2 个泌乳月从 2 月 16 日至 3 月 15 日。两个泌乳月的日产奶量分别是 8 kg 和 9 kg，则 2 月平均产奶量为：

$$2\ 月平均产奶量=8\times15+9\times13=237(\text{kg})$$

在总产奶量中，扣除牛犊的消耗部分，根据每头奶牛每日的产奶情况，即可编制企业全年的产奶计划，具体内容见表 3-16。

表 3-16 奶牛产奶计划表

项目		奶牛编号								
		1	2	3	4	5	6	7	8	9
胎次										
前胎产奶情况	前期产奶量/kg									
	最高产奶月份									
	最高产奶量									
产奶量/kg	1 月份									
	2 月份									
	3 月份									

续表 3-16

项目		奶牛编号								
		1	2	3	4	5	6	7	8	9
胎次										
	4 月份									
	5 月份									
	6 月份									
	7 月份									
	8 月份									
	9 月份									
	10 月份									
	11 月份									
	12 月份									
	合计									

3. 养鸡场的产蛋计划和产肉计划

这两个计划比较容易编制。产蛋计划可以根据各月平均饲养产蛋鸡数和产蛋率，计算出各月的产蛋数(表 3-17)。如果饲养品种较多，可分别编制，然后汇总成总产蛋计划，也可以按照一定的比率混群计算产蛋数，统一编制计划。

表 3-17　鸡蛋产蛋计划表

月份	平均饲养数量/只	产蛋率/%	平均蛋重/g	日产量/kg	当月天数	月产量/kg
1	112 000	69	63	4 868.64	31	150 927.84
2	112 000	70	63	4 939.20	28	138 297.60
3	112 000	70	63	4 939.20	31	153 115.20
4	112 000	70	63	4 939.20	30	148 176.00
5	112 000	70	63	4 939.20	31	153 115.20
6	112 000	70	63	4 939.20	30	148 176.00
7	112 000	69	62	4 791.36	31	148 532.16
8	112 000	69	62	4 791.36	31	148 532.16
9	112 000	70	62	4 860.80	30	145 824.00
10	112 000	70	63	4 939.20	31	153 115.20
11	112 000	70	63	4 939.20	30	148 176.00
12	112 000	70	63	4 939.20	31	153 115.20
年平均	112 000		62.75	4 902.15		149 091.88

注：日产量(kg)＝$\frac{平均饲养数\times产蛋率\times平均蛋重}{100\times1\ 000}$；月产量(kg)＝日产量×当月天数。

养鸡场的产肉计划则可根据全年出栏肉鸡的批次、每批出栏肉鸡数，按一定的屠宰重量计算汇总即可。

二、原料供应计划

饲料是发展畜牧业经济的支柱，搞好饲料的生产与供应具有重要意义。饲料既是动物赖以生存的生产资料，又是生产畜产品和动物生存的生产资料，在畜产品成本中占60%～70%。饲料的供应效果，直接关系到畜牧企业生产经营成果的好坏。饲料供应计划的编制方法参见下面的案例。

【例 3-3】 饲料供应计划的编制

（一）外购饲料计划

大多数养猪场都不具备自己加工配合料的设备和条件，饲料需要从饲料加工厂购买。这样的养猪场需编制全年外购饲料计划。

（1）依据猪群周转计划中每月存栏数（表 3-12）汇总每月各类猪的存栏数（表 3-18）。

表 3-18 每月各类猪的存栏数 头

类别			月份											
			1	2	3	4	5	6	7	8	9	10	11	12
种公猪			3	3	3	3	3	3	3	3	3	3	3	3
母猪	基本母猪		23	23	23	23	24	25	27	32	33	33	33	33
	检定母猪		10	15	18	18	17	13	8	3	0	0	3	5
	后备母猪	3 月龄				3	2	3	0	4	3			
		4 月龄					3	2	3	0	4	3		
		5 月龄						3	2	3	0	4	3	
		6 月龄							3	2	3	0	4	3
		7 月龄								3	2	3	0	4
		8 月龄	3								3	2	3	0
		9 月龄	5	3								3	2	3
母猪合计			41	41	41	44	46	46	43	47	48	48	48	48
乳猪	1 月龄		18	63	81	63	72	45	45	63	81	36	45	45
仔猪	2 月龄			18	63	81	63	72	45	45	63	81	36	45
生长猪	3 月龄				18	23	33	37	42	41	42	28	31	26
	4 月龄					18	23	33	37	42	41	42	28	31
生长猪合计			0	0	18	41	56	70	79	83	83	70	59	57
育肥猪	5 月龄		25				18	23	33	37	42	41	42	28
	6 月龄		23	25				18	23	33	37	42	41	42
	淘汰猪育肥 1 个月							3	3	0	2			
育肥猪合计			48	25	0	0	18	44	59	70	81	83	83	70
总计			110	150	206	232	258	280	274	311	359	321	274	268

（2）根据各类猪的日粮定额和每月饲养天数计算每月饲料需要量：

月饲料需要量＝猪存栏数×日粮定额×月饲养天数

将全年每月饲料需要量列表进行合计，制订全年饲料外购计划表，见表 3-19。

表 3-19　养猪场全年饲料外购计划表

月份	当月天数	采食量/[kg/(d·头)]						合计/kg
		公猪	母猪	乳猪	仔猪	生长猪	育肥猪	
		2.5	2.5	0.3	0.9	1.8	3.6	
1	31	232.5	3 177.5	167.4	0.0	0.0	4 464.0	8 041.4
2	28	210.0	2 870.0	529.2	453.6	0.0	2 100.0	6 162.8
3	31	232.5	3 177.5	753.3	1 757.7	1 004.4	0.0	6 925.4
4	30	225.0	3 300.0	567.0	2 187.0	2 214.0	0.0	8 493.0
5	31	232.5	3 565.0	669.6	1 757.7	3 124.8	1 674.0	11 023.0
6	30	225.0	3 450.0	405.0	1 944.0	3 780.0	3 960.0	13 764.0
7	31	232.5	3 332.5	418.5	1 255.5	4 408.2	5 487.0	15 134.2
8	31	232.5	3 642.5	585.9	1 255.5	4 631.4	6 510.0	16 857.8
9	30	225.0	3 600.0	729.0	1 701.0	4 482.0	7 290.0	18 027.0
10	31	232.5	3 720.0	334.8	2 259.9	3 906.0	7 719.0	18 172.2
11	30	225.0	3 600.0	405.0	972.0	3 186.0	7 470.0	15 858.0
12	31	232.5	3 720.0	418.5	1 255.5	3 180.6	6 510.0	15 317.1
总计		2 737.5	41 155.0	5 983.2	16 799.4	33 917.4	53 184.0	153 776.5

（二）自产料计划

对于一些大型的养猪场，本身配备了饲料加工设备，除了乳猪料需要从饲料加工厂购买以外，其余配合料均可以自行生产。这类养猪场可根据养猪场饲料外购计划表和猪饲料配方表（表 3-20），计算各月各种原料的需要量。例如：

表 3-20　猪饲料配方表　　%

原料	饲料种类				
	公猪料	母猪料	仔猪料	生长猪料	育肥猪料
玉米	62.7	64	63.5	66	65
豆粕	11	11	26	12	10
棉籽粕	0	0	0	1	3
菜籽粕	0	0	0	3	5
鱼粉	12	7	8	5	0
麸皮	11	15	0	10	15
磷酸氢钙	1.1	1	0.8	0.95	0.4
石粉	0.7	0.6	0.5	0.6	0.25
食盐	0.3	0.25	0.1	0.2	0.25
赖氨酸	0.2	0.15	0.1	0.25	0.1
添加剂	1	1	1	1	1
合计	100	100	100	100	100

1 月玉米的需要量 $= \sum$（1 月各种饲料需要量×各种猪料中玉米的配比）

$=232.5\times 62.7\%+3\,177.5\times 64\%+0.0\times 63.5\%+0.0\times 66\%+4\,464.0\times 65\%$

$=5\,081(\text{kg})$

其他各种原料的计算依此类推，由此可得饲料原料供应计划表(表 3-21)。

表 3-21　养猪场饲料原料供应计划表　　kg

原料	月份												合计
	1	2	3	4	5	6	7	8	9	10	11	12	
玉米	5 081	3 622	3 958	5 103	6 694	8 652	9 552	10 562	11 222	11 557	10 021	9 655	95 679
豆粕	822	667	953	1 222	1 417	1 759	1 796	1 959	2 130	2 263	1 803	1 794	18 585
棉籽粕	134	63	10	22	81	157	209	242	264	271	256	227	1 936
菜籽粕	223	105	30	66	177	311	407	464	499	503	469	421	3 675
鱼粉	250	262	441	544	574	613	582	615	639	664	516	548	6 248
麸皮	1 172	769	603	741	1 124	1 514	1 789	2 012	2 106	2 132	2 004	1 878	17 844
磷酸氢钙	52	43	58	74	89	104	110	119	124	126	106	106	1 111
石粉	32	26	36	46	55	65	68	74	77	78	66	66	689
食盐	20	14	12	16	22	29	33	37	39	39	36	34	331
赖氨酸	10	7	9	13	17	21	23	25	26	26	22	22	221
添加剂	79	56	62	79	104	134	147	163	173	178	155	149	1 479
合计	7 875	5 634	6 172	7 926	10 354	13 359	14 716	16 272	17 299	17 837	15 454	14 900	147 798

项目小结

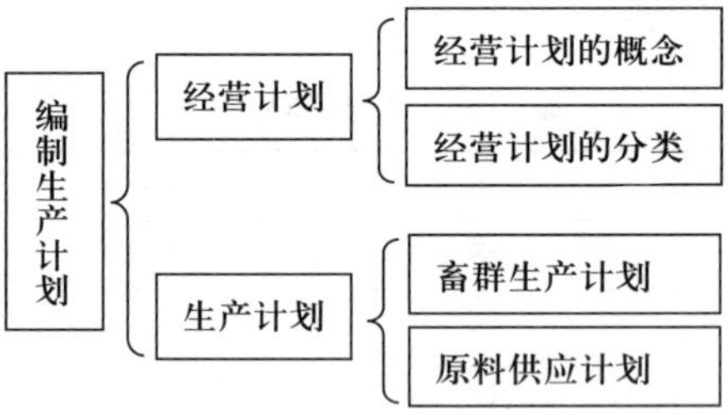

复习思考题

1. 畜牧企业经营计划包括哪些内容?
2. 如何编制畜群交配分娩计划和周转计划?
3. 如何编制饲料供应计划?

项目四

畜产品营销与签订合同

【知识目标】1. 了解畜产品营销的概念和特点。
2. 了解签订合同的必要性。
3. 掌握合同签订的流程。
4. 掌握畜产品营销的技术手段。
【职业能力】1. 能针对某一畜产品进行相关营销策划。
2. 能独立制订正确的合同。
【素质目标】1. 养成按合同办事的工作习惯。
2. 形成对畜产品营销的观念。

任务一　畜产品营销

一、畜产品营销的概念及特点

畜产品(乳、肉、蛋、毛、皮、羽绒等畜产品,饲料、兽药等原料,畜牧机械设备等)营销是指畜产品所有权和产品实体从生产领域转移到消费领域所经过的全过程。它具有以下特点。

1. 时效性

畜产品是时效性很强的商品,它具有鲜活、易腐、易损等特点,不利于长途运输。因此畜产品在营销时,第一,应尽量增加流通渠道,组织就近销售,最大限度减少损失;第二,应认真组织好运载工具和运输方法,从而提高营销的经济效果;第三,要加强计划性,认真安排好较精确的上市时间、地点和数量,防止不必要的损失和浪费。

2. 差异性

畜产品种类繁多,理化特性差异很大,如各畜产品生产周期有长有短;有的产品有季节性,淡旺明显;有的产品有明显的地区性。因此,在营销时要适应这些特点,有重点地组织加工、贮存、保鲜或调运,允许有合理的季节和地区差价,促使畜产品合理流通,调节产需平衡。

3. 分散性

由于畜牧业仍以家庭小规模经营为主,在营销时应组织多样化营销形式,畜牧企业也应从生产型转向生产经营型，既要重生产和管理，又要重经营和营销，把产品流通放在重要位置。

4. 灵活性

畜牧业生产易受农业生产和自然条件的影响，易受饲料价格和生产成本的制约，还受国际市场的影响，所以容易造成供需的不平衡。经营者应及时做出反应，特别是在销售方式和价格上要采取灵活策略。

二、畜产品促销策略

畜产品促销是指企业通过各种销售手段向广大客户介绍产品，促使客户对产品产生好感和购买兴趣，继而进行购买的活动。畜产品和饲料产品的促销活动主要有人员推销、广告、公共关系和营业推广 4 种形式。

（一）人员推销

人员推销是企业派推销员直接与顾客接触，向顾客介绍和宣传商品，激发顾客购买欲望和购买行为的促销方式。其优点是针对性强，便于双向沟通，有利于建立长期稳定的供销关系。但人员推销的费用支出较高。

人员推销的重要作用在于通过推销员与顾客的直接联系，能够根据各类客户的需求，及时向客户提供产品信息，诱发客户购买欲望，促进产品销售；同时能够及时收集客户对本企业产品的意见建议、了解其他同类产品的特点和营销办法，促使企业不断改进产品质量，更好地满足客户需求。

1. 推销人员需具备的素质

企业的推销人员肩负着开拓市场、扩大产品销售、收集市场信息的重任。因此，要求推销人员必须具备较高的素质，具备多方面的知识和技能，归纳起来有以下几个方面。

（1）思想素质：推销人员单独外出代表企业直接与顾客打交道，必须具有很强的事业心，能够吃苦耐劳、勤奋敬业、遵守商业道德、以诚实信用为本、维护企业形象。

（2）业务素质：推销人员在与顾客接触过程中必须能够全面、准确地回答顾客所提出的各种问题，才能赢得顾客的信任。因此，推销员必须具有丰富的产品知识，了解产品的主要原料成分和产品的生产过程，熟悉企业的整体情况；掌握市场供求状况、用户的需求和竞争产品的情况；另外，还要具备一些心理学知识和法律常识。这样推销人员才能在推销过程中应对自如，收到良好效果。

（3）能力素质：推销员应具有敏锐的观察能力、灵活的应变能力；具有良好的语言表达能力、市场预见能力和开拓市场的能力；善于捕捉市场信息，善于与顾客打交道，语言精练，举止适度。

2. 推销人员的工作程序

为提高推销工作成效，推销人员应遵循一定的工作程序，主要包括以下几个步骤。

（1）寻找顾客：推销员要通过各种渠道找出潜在顾客，包括企业用户和个人用户。

（2）收集有关资料，制订销售计划：确定推销对象之后，要了解潜在顾客的情况，竞争对手的产品情况，本企业的有关情况，然后有针对性地制订出有效的推销计划。

（3）访问顾客：即推销人员与顾客面对面交谈。要注意选择合适的时间和合适的方式与顾客进行接触，以准确和精练的语言向顾客介绍产品，并附送有关资料；同时要着重说明产品能给顾客带来的利益，以引起顾客的兴趣。

(4) 化解异议：推销人员要耐心地倾听顾客提出的不同意见，并以事实和适当的措辞说服顾客，消除顾客的疑虑和误解。

(5) 促成交易：在时机成熟时，如发现顾客有购买的意愿，可进一步提出一些优惠条件，促使顾客做出购买决定，与顾客签约成交。

(6) 售后跟踪访问：产品销售后，推销员应与顾客经常保持联系，搜集顾客意见和建议，以了解顾客对产品的满意度，发现产品可能存在的问题，以此作为企业不断改进产品的重要依据。

(二) 广告

广告是通过一切传播媒体，向公众介绍企业的产品，并引导公众购买的公开宣传活动。这是非人员推销的主要形式。

为了更有效地发挥广告的促销作用，企业在设计和制作广告时，应慎重考虑企业的市场发展战略、产品的生命周期、广告媒体的相对价值、广告目标等因素。综合考虑上述各种因素的变化和影响，确定广告的内容，选择适宜的广告形式。广告要富有真实性、针对性、创造性和艺术性。企业的广告决策主要包括以下内容。

1. 确定广告目标

企业在产品生命周期的不同阶段，广告宣传的作用和目标不同。按照不同的广告目标，可将广告分为通知性广告、劝说性广告和提示性广告 3 种。

(1) 通知性广告：主要适用于产品生命周期中的投入期。以提高产品知名度为目标，向市场全面介绍本企业的产品，引起目标顾客的注意和兴趣，建立初始需求。

(2) 劝说性广告：主要适用于产品生命周期的成长期。顾客对该种产品有需求，但还未形成品牌偏好。此时广告宣传主要应突出产品的特色，介绍本企业产品的比较优势。其目标是劝导顾客购买自己的产品，促使顾客形成品牌偏好。

(3) 提示性广告：主要适用于产品生命周期的成熟期。广告的目标是提示顾客购买，如经常提醒顾客不要忘记这种产品、别忘了购买地点等。

2. 设计广告

设计广告即对广告的内容进行具体设计。广告内容设计的基本要求是简明扼要、突出重点、创意新颖、引人注目。适当而精彩的广告表达方式对于增强广告效果具有重要作用。

3. 选择广告媒体

为了达到广告目标，必须选择适当的传播媒体。传播媒体主要有报刊广告、电视广告、广播广告、邮寄广告、户外广告和互联网广告等，这些媒体各有其优点和缺点。

(1) 户外广告：优点是可以利用广告牌在繁华的街道、交通要道等地方，采用多种艺术手段宣传产品，持续时间长，使人形成深刻印象；缺点是内容信息量小，针对性差。

(2) 邮寄广告：优点是针对性强，可以直接寄给买主、中间商或代理人，传递较快，灵活；缺点是传播面窄，可信度差。

(3) 广播广告：优点是可以用优美的声音详细介绍产品，各层次听众可以自由选择，广告费用较低；缺点是缺乏电视的视觉刺激，不易记忆。

(4) 报刊广告：报纸广告的优点是传播迅速、及时，覆盖面广，能对产品进行详细说明，费用较低；缺点是表现能力差，不易引起读者注意。期刊广告的优点是能针对特定的目标顾客群，保存性和传阅性较报纸好，广告画面引人注目；缺点是传播较迟缓、受众面窄、费用较高。

（5） 电视广告：优点是能把图像、动作、声音结合为一体，给观众以深刻的印象；缺点是广告费很高，时间短，产品介绍过于简单。

（6） 互联网广告：优点是可以文字、色彩、图像共用，给人留下较深刻的印象，方便交流，成本较低，随着网络的发展已经逐步成为首选。

在选择传播媒体时，要根据本企业产品情况，比较各类媒体的优点和缺点，并充分考虑目标顾客的特点、成本费用、广告信息内容等因素确定传播媒体。

4. 广告效果评估

广告的目的是促进产品销售，最终为企业带来更多的收益。因此，企业应对其所制作的广告效果进行评估，以确定其能否达到预期效果。

（1） 广告传播效果评估：首先应在做广告之前，邀请专家、业内人士（重点是目标顾客）对已制作好的广告稿就其内容、语言、艺术表现手段、感染力、易记性等各方面进行评价，提前发现广告的不足之处，对广告做出进一步完善。在广告发布之后，还应在目标市场随机选择一些顾客，了解他们对广告的印象，对广告传播的实际效果进行评估。

（2） 广告促销效果评估：即分析评价广告发布后对产品销售量的影响。其评价方法有两种，一是用广告前、后产品销售量评估广告的促销效果；二是用分区比较的方法来评估，即把产品的销售划分为若干分区，然后在某个分区使用广告、某个分区不使用广告，或在某个分区大量做广告、某个分区只做少量广告，一段时间后，比较各分区销售量的变化，来确定广告的促销效果。

（三） 公共关系

公共关系有多种类型。作为企业一种促销手段的公共关系，是指企业面向社会公众所开展的旨在树立企业良好形象和信誉，赢得公众信赖和支持的一切活动。企业公共关系活动对象包括顾客、中间商、政府部门、新闻媒介等。企业只有通过公共关系活动赢得公众对企业的理解、信任和支持，创造良好的社会关系环境，才能使企业的产品得以畅销。

1. 公共关系的职能

随着现代社会的发展，企业间产品和服务质量的差异逐渐缩小。在激烈的市场竞争中，公共关系对企业的作用和影响越来越突出，主要表现在以下几方面。

（1） 监测外部环境、收集环境信息：社会环境对企业的生存和发展有重大影响，因此企业公共关系人员必须时刻注意外部环境因素的变化（包括政治环境、经济环境、文化环境等），并通过多种途径收集公众需求信息，了解顾客对产品及企业形象的评价，发现存在的问题，提出对策和建议。

（2） 站在公众的角度帮助企业决策：主要是站在社会公众的角度，分析和预测企业的重大决策可能引起的社会反映和多种关系的变化趋势，参与和帮助企业最高管理层做出科学决策，使其既能反映企业发展的需要，又能反映社会公众的要求。

（3） 引导公众舆论树立企业形象：公共关系活动的直接目的是为企业树立良好形象。因此，公共关系工作要做好对公众舆论的宣传引导，并且在企业发展的不同时期有所侧重，为企业的生存和发展赢得有利的环境。

（4） 沟通、协调，消除负面影响：公共关系工作应通过各种活动与社会公众进行沟通协调，这样可以赢得公众对企业的好感，特别是在企业与外部发生矛盾和冲突时，有效的沟通能够化解矛盾，消除负面影响，恢复企业形象。

2. 公共关系活动的主要方式

常用的公共关系活动方式有以下几种。

(1) 通过新闻媒介传播企业信息：社会公众对新闻宣传的信任度较高，企业应创造机会吸引新闻界和公众的注意，如举行记者招待会、新闻发布会，撰写新闻稿件介绍企业等。

(2) 参与各种社会福利活动和公益活动：企业通过参与赞助、捐赠等社会活动，为社会多做一些有益的事情，可提高企业的知名度，树立良好形象。

(3) 举办各种专门活动：举办如庆祝活动、知识竞赛、演讲会、联谊会和各种网络活动等，以增加社会公众对企业的了解和关注。

(4) 建立企业识别系统(CIS)：在企业中导入CIS，通过理念、公众号、企业独有标识等塑造企业独特的形象。CIS可分为3个层次，即企业理念识别、企业行为识别和企业视觉识别。理念识别是一个企业独具的经营宗旨、方针、目标、价值观念和行为准则。行为识别是企业组织管理活动和全体员工行为所表现出的有别于其他企业的明显差异。视觉识别是一个企业独特的名称、标志、色彩等有别于其他企业的明显差异。现代著名企业都有各自独特的企业识别系统。

3. 公共关系程序

公共关系程序包括调查、策划、实施和评估4个步骤。

(1) 公共关系调查：主要是了解公众对企业形象的评价和意见，包括企业形象调查、公众舆论调查、组织开展公共关系活动的条件调查。

(2) 公共关系策划：公共关系人员根据企业形象的现状和目标要求，充分利用现有条件，谋划和设计最优行动方案的过程。其包括做好准备工作、设计公关活动的主题、分析和明确公关对象、选择适当的媒介、搞好经费预算、审定方案等一系列工作。

(3) 实施公共关系计划：就是把已确定的计划方案付诸实际行动的过程。其包括选择适当的实施时机，将公关计划分解为若干具体任务，并落实到人；控制各项工作的进展速度，使构成整体的各项具体工作协调有序进行；在实施过程中，要注意依据反馈信息对公关方案进行必要的调整，保证最终实现公关目标。

(4) 评估公共关系效果：就是根据一定的标准对公共关系活动方案的实施效果进行检查和评价，以评估其效果。评估可为以后开展公共关系工作提供可资借鉴的经验和教训，使公共关系工作得以不断改进和提高。

(四) 营业推广

营业推广是指在短期内为刺激需求、扩大销售而采取的各种鼓励购买的措施。针对不同的促销对象常用的营业推广策略有以下3种。

(1) 对推销人员的推广：多采用销售提成、超额销售奖励等措施，鼓励销售人员积极推销产品。

(2) 对中间商的推广：采用多种方法吸引批发商或零售商购买本企业新产品，鼓励他们增加进货。其常用的方法有购买折扣、购货附赠品、广告促销和贸易展销等。

(3) 对最终用户和消费者的推广：主要是培养顾客对本企业产品的偏好，提高顾客现场购买兴趣。其常用的方法有赠送样品、有奖销售、降价销售、赊销或分期付款及加强售前、售中和售后的服务等。

任务二 签订合同

为了保证合同当事人的合法权益，维护社会经济秩序，提高经济效益，促进社会主义现代化建设，我国于 2020 年 5 月 28 日，十三届全国人大三次会议表决通过了《中华人民共和国民法典》，自 2021 年 1 月 1 日起施行。《中华人民共和国合同法》同时废止。《民法典》逾 1 200 条，合同编独占 500 多条。《民法典》秉持鼓励交易、强调诚信等立法原则，在《合同法》基础上，吸收成熟司法实践经验，对合同编进行了补充完善。

根据《民法典》规定，合同是民事主体之间设立、变更、终止民事法律关系的协议。依法成立的合同，受法律保护。依法成立的合同，仅对当事人具有法律约束力，但是法律另有规定的除外，当事人对合同条款的理解有争议的，应当依据本法第一百四十二条第一款的规定，确定争议条款的含义。依法成立的合同，自成立时生效，但是法律另有规定或者当事人另有约定的除外。当事人一方不履行合同义务或者履行合同义务不符合约定的，应当承担继续履行、采取补救措施或者赔偿损失等违约责任。

一、合同的分类

合同又称契约。经济合同是经济组织之间，以及经济组织与其他社会团体、科研院所或个体工商户、农村经营承包户之间，为了进行经济合作和贸易往来，通过协商一致即谈判而共同订立的，以明确合作与往来目的的，明确相互之间的权利、义务、责任和承诺的协议。订立经济合同是一种法律行为，它具有法律约束力，任何一方违约或毁约，都必须承担法律上的经济责任。

随着社会主义市场经济的发展，经济的种类繁多。与畜牧业生产经营、流通等方面有关的合同主要有以下几种类型。

(1) 买卖合同是指一方将产品或商品交给另一方并取得价款，另一方接受产品或商品并支付价款的合同。买卖合同的形式多种多样，如畜产品收购合同、饲料采购合同、畜产品包销合同等。它是目前最主要、最常见的经济合同。

(2) 生产经营承包合同是指畜牧企业与下属承包者为完成某项生产销售任务明确责、权、利而签订的合同。它是畜牧企业内部实行责任制的一种合同。

(3) 加工承揽合同是指一方当事人利用自己的技术、设备、劳力等，根据另一方当事人提出的要求完成一定的工作任务，另一方当事人接收完成的任务并支付酬金的合同。

(4) 货物运输合同是指承运人根据托运人的委托，将货物按时运到指定地点并交付收货人，托运人按规定付给承运人运费的合同。

(5) 技术合同是当事人就技术开发、转让、咨询或者服务订立的确立相互之间权利和义务的合同，如技术开发合同(指当事人之间就新技术、新产品、新工艺或者新材料及其系统研究开发所订立的合同)、技术转让合同(包括专利权转让、专利申请权转让、技术秘密转让、专利实施许可合同)、技术咨询合同、技术服务合同(指一方以技术知识为另一方解决特定技术问题所订立的合同)。

(6) 财产(牲畜)保险合同是指财产(或牲畜)投保方和财产保险方(保险公司)之间签订的

合同。它是双方对投保方投保的财产(或牲畜)实行保险制度而订立的协议。投保方向保险方交纳保险费,保险方在保险事故或牲畜死亡后对投保方的财产损失给予补偿的合同。

(7) 信贷(借款)合同是生产经营单位和个人向银行申请贷款所签订的合同。贷款方将一定数额的货币交给借款方使用,借款方按期归还同等数额货币并支付利息。借贷合同包括买卖合同、分期付款合同等。

(8) 联营合同是指联合经营各方为共同发展某生产经营项目而协商签订的合同。合同中规定联合各方提供的资金、设备、场地、技术等比例及彼此之间在经营过程中的权利、义务、责任、利益分配和违约应负的经济责任等。

(9) 租赁合同是指出租方与租赁方之间为租赁一定财产而订立的合同。租赁合同中出租人将租赁物交付承租人使用、受益,承租人向出租人支付租金,如房屋租赁合同、设备租赁合同、牲畜租赁合同、土地租赁合同等。

除以上常见的合同外,在生产过程中还有建筑工程合同、仓储保管合同等。

二、签订合同的步骤

签订合同的步骤是指双方当事人对合同的内容进行反复磋商,达成一致协议的全部过程。其通常分为 3 个阶段。

(一) 要约

要约是一方当事人以缔结合同为目的,并就合同的主要条款向对方提出订立合同的建议或合同草案。要约具有以下特征。

(1) 要约必须以签订合同为目的。要约人向特定的对象发出要约,旨在同对方达成协议、签订合同,而不是一般的产品宣传活动。

(2) 要约必须提出合同的主要条款。要约中不仅要表明要约人对订立合同的愿望,还必须明确提出合同的主要条款。这是因为要约只有经过对方承诺,合同才能成立。

(3) 要约是一种法律行为,在规定的期限内对要约人具有约束力。要约人在要约的有效期限内,一般不得撤回、变更要约;对方在要约的有效期限内做出承诺后,要约人有义务与之订立合同;以特定物为标的的要约,在要约有效期内,要约人不得就同一内容再向第三方提出要约或签订合同。如要约人违背上述要求,应承担由此引起的法律责任。

(4) 要约应规定对方答复的期限,由于要约是一种法律行为,在有效时间内对要约人产生约束力,所以,要约应规定对方答复的期限。答复期限的长短应视具体情况而定,一般应考虑信函往返的时间和对方研究决策的时间。要约有效期限届满,对方未做出承诺表示,则视要约已作废,要约人不承担法律责任。

(二) 承诺

承诺是指一方当事人对要约人提出的要约做出完全接受的意思表示。承诺具有以下特征。

(1) 承诺必须在要约规定的期限内做出,超过有效期限发出的承诺无法律效力。若要约中未规定答复的期限,则按合理期限推算。

(2) 承诺的内容必须与要约的内容完全一致,不能附有条件,否则就不是承诺;如果接受要约的人对要约的条款进行修改、补充或部分同意，则要约接受人实际上变成了新要约的提议人，新要约只有经原要约人承诺，合同才能成立。另外，迟到或逾期的承诺也应视为新要约的提出。

(3) 承诺也是一种法律行为，承诺人一旦向对方表示承诺，就不得撤回；否则，也应承担法律责任。另外，承诺生效意味着双方当事人已协商一致，合同即告成立，双方当事人都要认真履行。

要约和承诺是订立合同必不可少的两个阶段，在实际签订合同的过程中，当事人双方往往反复协商，直至达成一致的协议，即往往要经过"要约—新要约—再要约—再新要约—……—承诺"的反复协商过程，直到双方完全同意，合同即告成立。

(三) 实际签约

实际签约就是合同当事人在遵循合同基本原则的基础上，将经过要约和承诺的合同内容形成文字，并使之最终成立的过程。

(1) 经办人出示委托授权证明书。委托授权证明书是在订立合同时，明确法人代表、经办人或代理人的身份、授权范围及其行为能力的一种法律文书。委托授权证明书包括三方面内容：一是证明法人的法定代表人身份和行为能力；二是证明经办人员的代表身份和授权范围；三是证明代理人的身份和授权范围。委托授权证明书由企业自行填写、签章。在签订合同时，经办的当事人要将该委托书送交对方验证并留存，以后一旦发生纠纷可供举证。

(2) 填写正式合同书。签订合同一般都使用正规的合同用纸。填写合同时一般先明确合同的种类(标题)；填写签订合同的单位；填写正文即合同的基本条款及所议的有关事项；填写各自单位的地址、电话、传真以及开户银行、账号等；最后要具名和填写日期。填写各部分内容时必须认真审核，一丝不苟。合同中若有涂改的字迹必须加盖当事人的印章。

(3) 审核合同书。这是很重要的一步工作。双方当事人要对填写好的合同共同进行认真的审核，发现失误马上纠正，以保证合同内容的完整、准确。

(4) 双方当事人对审核无误的合同进行签字、盖章。对审核后的合同书签字盖章是一个很慎重的过程，因为签章的合同书即刻产生法律效力。

(5) 分存合同书，准备履约。一般情况下，合同的正本由双方留存使用，副本送有关单位留存使用。合同的份数可根据需要确定。

签订合同必经过要约、承诺和实际签约 3 个阶段，但这并不一定是签订合同的全部步骤。有的合同签订后报上级主管机关或有关部门审核，经批准后才能成立；有的合同在签订后依照法律规定或当事人约定要待签证或公证后才能成立。否则，这些合同虽经当事人双方签订，但不能算正式成立。

三、合同的编写

(一) 合同编写的格式和内容

畜牧企业涉及较多的合同是买卖合同，买卖合同的编写格式和内容如下。

1. 合同名称

例如，饲料购销合同。

2. 合同编号

甲、乙双方各自确定合同编号。

3. 合同当事人

合同当事人是指签订合同的甲、乙双方或多方，是合同享有权利、承担义务的主体，凡具备法人资格的国家机关、企业、事业单位、社会团体以及领取营业执照的个体工商户、私营企业和农村承包经营户，都可以作为合同的当事人。

在合同中必须写明当事人的正式全称。对于购销合同，供货方为甲方，购货方为乙方；对于借款合同，贷款方为甲方，借款方为乙方。

4. 签订地点、签订日期

签订合同时，应写明合同签订的具体地点和日期。

5. 合同标的

合同标的是指合同当事人权利、义务所共同指向的对象，包括物、行为或智力成果等，如饲料购销合同中饲料产品就是标的。标的是任何一个合同都必须具有的首要条款。没有标的或标的不明确，合同就无法履行，当事人的权利义务也不能落实，合同也就毫无意义。因此，在确定合同标的时，应注明标的名称、品种、规格型号、商标等，若有条件或必要，还应提供样品，以备履行时检查。

6. 数量和质量

合同的数量和质量是确定合同标的特征的最重要的因素，是衡量当事人权利、义务大小的主要尺度。因此，任何合同都必须对标的数量和质量做出明确的规定。

标的数量的计数单位应采用国家规定的法定计量单位。根据标的物的特性，还应规定合理的误差和自然损耗率，以免执行合同时引起不必要的争议。

标的质量是指标的内在素质和外观形态的综合指标。我国产品质量标准可分为国家标准、专业标准(部颁标准)、地方标准(省级标准)和企业标准。凡有国家标准的，应按国家标准执行；没有国家标准时，可执行专业标准、地方标准或企业标准。

7. 价款或酬金

价款或酬金，简称价金，是指取得标的的一方向对方支付的以货币数量表示的代价。以货物、工程项目为标的的称为价款，以劳务为标的的称为酬金。当事人在签订合同时，应根据国家规定和等价有偿原则，在合同中规定具体价格、计量标准和结算方式。

价款和酬金的结算除国家另有规定外，一律以人民币计算支付；结算方式包括现金结算和转账结算，除国家规定可以使用现金支付的范围外，一律通过银行转账结算，特别是法人之间不允许用现金支付方式结算。

8. 履行的期限、地点和方式

履行的期限是指交付标的和支付现金的时间，它是衡量合同是否按时履行的标准。合同履行期限由双方约定。合同的履行期限必须明确、具体，尽可能规定具体日期。对易受客观条件限制的履行期限应明确可以顺延的条件，并尽可能约定履行期限与有效期限相一致。履行期限届满，不能履行或不能完全履行合同的一方，要承担违约责任。

履行地点是指合同当事人履行义务、交付或获取标的的地方。合同中必须对履行地点做出明确规定，尽可能选择对自己有利的履行地点，并注意履行地点应详细，切莫简写，以免搞错。合同的履行地点直接关系到合同的履行时间、履行费用，对活畜禽意义则更大。它关系到失重、死亡等损失的责任；履行地点也是判断合同当事人是否违约的标志和合同发生纠纷时案件管辖法院选择的重要依据。司法实践中以履行地法院优先。

履行方式可分为时间方式和行为方式。时间方式是指合同是一次性履行还是分期分批履行。一般合同标的单一或数量少、金额不大的合同一次性履行，而合同标的数量、金额大的可采用分批履行，具体应根据双方的实际情况来确定。行为方式包括标的物的交付方式；劳务提供方式和结算方式等。以物为标的的交付方式，通常包括送货方式、自提方式和代运方式。它关系到货物所有权转移、风险责任的承担，也间接地证明合同的履行地点。

9. 违约责任与解决合同纠纷方式

违约责任是指合同当事人不履行或不适当履行合同规定的义务而应承担的经济责任和法律责任。当事人双方应在合同中明确违约责任，以利于保证合同的严肃性，避免和减少合同纠纷。在合同执行过程中发生纠纷时，除法律、法规规定的免责情况外，违约方应承担违约责任。承担违约责任的方式有强制履行、赔偿损失和支付违约金。

当事人双方应本着实事求是、互谅互让的原则，按照协商、调解、仲裁、诉讼的顺序，选择适宜的方法解决合同纠纷。

（二）编写合同的要求

合同的格式是固定的、规范化的。撰写合同时，必须服从于它的实用性，遵循格式的固定性和规范化要求。

1. 依法依规撰写，简明实用

这是合同规范化的前提。要做好这一点，合同的起草人必须通晓国家的法律、政策以及各级主管部门制定的具体条例、规定或细则。有了这些依据，才能写出具有法律效力和保证实现一定经济目的合同。依法撰写，不仅可以保证畜牧企业生产经营的合法性，而且还可以保证经济利益不会受到损失，做到处处有法可依，有章可循。一旦发生合同纠纷，在利益上也会受到法律的保护。

2. 了解市场动态，精通业务

这是写好合同必备的基础。在市场经济条件下，市场行情变化莫测，如不能及时了解和掌握市场行情，就有可能在签订合同时，造成企业或个人的经济损失。因此，在撰写合同之前，必须进行市场调研，了解市场行情，以便掌握合同谈判的主动权。

3. 内容真实完备，措辞准确

这是撰写合同在表达上的突出要求。合同的内容必须真实可信，不允许在撰写合同时，玩弄辞藻，掩饰违法的经济行为或隐瞒真相欺骗对方；否则，就是不合法的合同。

合同的内容必须完备。对于合同的主条款，要按规定写入合同书内，使合同的内容尽量做到全面、周详，以便于履行。

合同的措辞必须准确，表述语言专业规范、明白无误，绝不能由于措辞含糊不清造成纠纷。做到合同书上没有一句废话，没有一句不清楚的话，没有一个错别字或多余的字；人民币一定要大写，数字的应用包括签订日期都必须清楚，绝不能由于量词或数词不准确而产生歧义，造成纠纷，如“交货"与“提货”一字之差，责任不同，效益也不一样，所以在合同中禁用“大致”“估计”“尽量”之类的文字。

4. 签订即时生效，不得涂改

合同一经双方签字即时生效，双方当事人应立即开始履行各自的义务，并各自承担相应的责任。需要修改、补充或更改时，必须经过双方协商后，将统一意见写入合同内。

5. 书写工具必须规范化

根据国家文档管理相关规定，签订合同时应使用黑色或蓝色签字笔。

【例 4-1】 饲料购销合同

合同编号：

甲方(供方)：　　　　　　　　　　签订地点：

乙方(需方)：　　　　　　　　　　签订日期：

甲、乙双方本着平等自愿、互惠互利、相互信任和共同发展的原则，就乙方购买甲方的饲料产品，达成以下合同条款。

一、产品名称、规格型号、商标、数量、金额(表 4-1)

表 4-1　饲料产品信息

产品名称	规格型号	商标	计量单位	数量	单价/元	金额/元
合计人民币金额(大写)						

二、质量标准

甲方提供的饲料产品质量在感官指标及主要营养成分指标方面应符合国家标准和该厂的企业标准之规定。其安全卫生指标应符合 NY5072 的规定，所采用的塑料编织袋包装，材料应符合 GB/T896—1998 的规定。

三、供货时间及数量

自 2007 年 1 月 1 日起至 2007 年 12 月 31 日止，甲方每月向乙方提供相应的饲料产品，时间及数量如表 4-2 所示。

表 4-2　饲料产品数量

产品名称	规格型号	商标	供货时间	供货数量/t
每月供货数量合计				

四、运输方法、交货地点及费用负担

甲方采用汽车运输方式送货到乙方，运输费用由甲方负担。

五、验收标准、方法及提出异议的期限

乙方每次逐件核对包装上印刷的产品名称、数量及饲料标签，抽样进行称重，甲方提供的饲料产品净含量应符合国家质量监督检验检疫总局令第 75 号《定量包装商品计量监督管理办法》的有关规定。乙方验收后如有异议于 3 日内通知甲方协商解决。

六、结算方式及期限

货到验收合格后一周内，乙方将货款通过银行转账支付给甲方。

七、违约责任

甲、乙双方必须严格按合同的要求履行各自的义务，若甲方不按合同时间送货或乙方不按约定的时间支付货款，违约方须向对方支付200元/d的违约金。

八、解决合同纠纷的方式

甲、乙双方应本着公平合理的原则解决好出现的纠纷，若乙方在饲喂过程中对甲方饲料产品质量产生异议，可通知甲方协商解决；不能达成协议时，双方可委托市级饲料监督检验部门进行抽样检测，根据检测结果进行协商。若一方出现严重违约，导致另一方产生重大经济损失，双方不能协商解决时，可在违约方(或合同签署地)所在地法院提起诉讼。

本合同一式两份，甲、乙双方各执一份。本合同签字盖章后生效。

合同有效期：自签订之日起至本合同履行完毕。

甲方：	乙方：
单位名称(章)：	单位名称(章)：
法定代表人：	法定代表人：
委托代理人：	委托代理人：
单位地址：	单位地址：
邮政编码：	邮政编码：
电话：	电话：
传真：	传真：

四、合同的管理与执行

经济合同的管理与履行主要是指对合同的签订履行的检查、监督和违约责任的处理等工作。

(一) 经济合同的担保

合同的担保是指合同当事人根据法律规定或双方约定，为确保经济合同的切实履行而设定的一种权利义务关系。合同的担保形式有定金、保证、抵押、质押、留置5种担保方式。

1. 定金

定金是指合同一方，为了证明合同的成立和保证合同的履行，预先给付对方一定数量的货币。当事人一方可向对方给付定金。定金是经常使用的担保形式，定金的数额一般不得超过主合同标的额的20%。合同履行后，定金应当收回或抵作价款。给付定金的一方，若不履行合同，则无权请求返还定金；接受定金的一方，若不履行合同，则应当双倍返还定金。

在经济合同中，预付款与定金在表面上都可作为合同成立的证据，但在实质上是有区别的。

(1) 性质不同：定金是保证合同履行的担保措施，而预付款仅是一种预先给付，不具有担保性质。

(2) 法律后果不同：给付定金的一方若不履行合同，则无权请求返还定金，接受定金的一方若不履行合同，则应双倍返还定金。

(3) 形式不同：定金的协议是附属于主合同的，而交付预付款是主合同的一部分。

2. 保证

保证是指合同当事人以外的第三人(保证人)以自己的名义担保一方当事人(被保证人)履行合同，当被保证人不履行合同时，由保证人承担责任的一种法律制度。保证是从属于主合同的担保合同，它的订立以主合同的存在为前提。保证也是经常使用的一种担保方式，尤其是借款合同的签订。

（1）保证的方式。

①一般保证：当事人在保证合同中约定，债务人不能履行债务时，由保证人承担保证责任。

②连带责任保证：当事人在保证合同中约定与债务人对债务承担连带责任。

（2）保证人的选择：作为合同的保证人必须是具有代为清偿债务能力的法人、其他组织或公民，但国家机关、以公益为目的的事业单位（学校、医院等）、社会团体等除外。

3. 抵押

抵押是指合同中的债务人或第三人将自己所有的或经营管理的一定财产提供给债权人作为抵押物的一种担保。提供抵押物的原合同中的债权人称为抵押权人。它与保证不同，保证是人的担保，而抵押是物的担保。当债务人不履行债务时，抵押权人有权依法将抵押物折价或变卖，从中优先受偿。故它比保证更可靠。抵押多用于借款、承包、租赁经营合同。

在订立抵押条款时应注意：

（1）抵押人应是对抵押物享有财产所有权或经营管理权的人。

（2）抵押物可以是动产，也可以是不动产，但必须是依法可以流动的财产。

（3）抵押成立后，抵押权人享有担保物权。抵押人不能另行抵押他人，否则，重复的抵押无效。因此，在抵押前要求抵押人提供财物产权证书原件。

4. 质押

质押包括动产质押和权利质押。动产质押是指债务人或第三人将其动产移交债权人占有，将该动产作为债权的担保；权利质押是指以汇票、支票、本票、债券、存款单、仓单、提单、依法可以转让的股票、商标专用权、专利权、著作权中的财产权等财产权利作为担保，当债务人不履行债务时，债权人有权依法以动产或权利财产折价、拍卖或变卖而优先受偿。

质押与抵押的区别在于：

（1）质权人有权占有出质财产，而抵押人则不占有抵押物。

（2）质权人享有收取利息的权利，而抵押权人只能在法院扣押了抵押财产后才享有收取利息的权利。

（3）质权人享有最终独立决定拍卖或变卖质押财产的权利，而抵押权人在与扣押人协商不成时，只能向法院起诉才能实现抵押权。

（4）质押会因财产转移而产生保管问题，而抵押不转移抵押物的占有，不产生保管问题。

5. 留置

留置是指合同双方当事人按照合同约定，其中一方占有对方的财产，对方不按照合同履行，占有人有权留置财产并依法折价或变卖，以优先受偿。在符合法律规定的条件下，无须债权人和债务人达成协议，债权人即可行使担保权。抵押与留置都是物的担保，但各具特点：①抵押行为是抵押人的自愿行为，而留置是强制行为；②抵押物的所有人可以是合同当事人，也可以是第三者，而留置物则是引起主债关系之物；③留置只适用于保管、运输、加工承揽合同中债务的情形。

（二）经济合同的变更与解除

1. 经济合同的变更

经济合同的变更是指由于履行合同条件的变化或其他主观、客观原因，双方当事人对合同条款进行删节和补充，以便有利于合同条款的履行。经济合同的变更，不是任何情况下随意发生的，需遵循一定的法定条件，具体内容如下。

(1) 双方当事人协商同意，且不损害国家利益。

(2) 由于不可抗力或由于当事人虽无过失但无法防止的外因，但未达到致使经济合同无法履行的程度；仍有全面履行条件的，就不能变更。

(3) 由于当事人一方违约，使经济合同履行成为不必要。例如，季节性强的商品迟延交货，如继续履行将对权利人造成更大损失。

(4) 在履行期限届满之前，当事人一方明确表示或者以自己的行为表明不履行主要债务。

(5) 当事人一方延迟履行主要债务，经催告后在合理期限内仍未履行。

(6) 法律规定的其他情形。

在一般情况下，变更、解除合同的程序和要求与签订合同的程序基本一致，也要经过提出变更、解除合同的建议和达成变更、解除合同的书面协议两个阶段。某些合同在变更和解除时，还须报主管部门批准或有关部门备案。合同当事人因变更和解除合同发生争议时，可提交仲裁机关或人民法院裁决处理。

2. 经济合同的解除

经济合同的解除是指在经济合同规定期限届满以前，提前终止经济合同的效力。解除经济合同除需具备变更经济合同所应具备的条件外，为避免履行合同而给当事人带来更大损失，应允许当事人解除经济合同；但应从严掌握，不能随意解除。解除经济合同的方式通常有以下3种。

(1) 协议解除：在双方当事人协商一致和不损害国家利益的情况下，采用书面形式解除。

(2) 单方解除：当出现法定解除合同的条件并且合同完全不能履行的情况下，一方当事人可依法解除合同，并及时通知对方，尽量减少由此带来的经济损失。

(3) 裁判解除：在当事人协商不一致，产生经济合同纠纷，经调解无效的情况下，当事人依照合同中仲裁条款或事后达成的仲裁协议，可向合同主管机关或仲裁机关申请仲裁，裁判解除；没有仲裁条款或协议的，可直接向人民法院起诉。

3. 变更和解除合同的程序

(1) 当事人一方要求变更或解除合同时，应及时采用书面形式（包括文书、电报、邮件、电话记录或图表等）通知对方，并说明变更或解除合同的理由和具体要求。

(2) 对方当事人在接到要求变更和解除合同的建议后，应在收到通知之日起，在规定或约定的期限内做出答复，经双方协商达成一致意见，合同的变更或解除才产生效力。在未达成协议前，原合同仍然有效，任何一方不得以此为借口拒绝执行；如果超过规定、约定的期限不做出答复的，即视为默认。

(3) 原合同经过公证、签证的，应报原公证、签证机关备案，以便监督管理。

(4) 变更和解除合同的建议和协议，均应采用书面形式。因变更和解除合同发生纠纷时，由仲裁机关或人民法院依法做出裁决、判决。

(三) 合同纠纷的解决

合同纠纷是指当事人双方对合同的履行情况，以及不履行或者不完全履行合同的后果产生的争议。合同纠纷发生后，有以下 4 种解决办法。

(1) 协商是指合同发生纠纷时，当事人双方本着实事求是、互谅互让的精神，及时主动地协商解决合同纠纷的办法。当协商不成时，可采取以下 3 种方式解决。

(2) 调解是指通过第三者的帮助、说服和教育工作求得合同纠纷解决的一种方法。充当调解人的第三者，可以是合同签证单位、主管部门和仲裁机关，也可以是当事人双方相互信任的单位或个人，调解人要查明事实、分清是非、维护真理、依法办事、秉公裁决，不能迁就和包庇任何一方。当调解达成协议后，应当形成书面材料，在调解人的参与下签字，使调解协议具有法律效力。

(3) 仲裁是指合同纠纷当事人自行协商解决不成或经过调解无效而诉之仲裁机关，并由仲裁机关依据事实和法律做出裁决，解决合同纠纷的办法。合同纠纷任何一方均可向合同仲裁机构提出申请，要求裁决。仲裁机关要保护当事人双方的平等权利，查清事实，秉公裁决。裁决书由三方(合同纠纷双方和仲裁机关)签字盖章，具有法律效力，双方应按裁决结果执行。

(4) 诉讼是指经过协商、调解和仲裁均无效时，合同纠纷的当事人一方或双方可向人民法院起诉，请求法院通过审判程序解决合同纠纷。人民法院依法受理合同纠纷，依法进行仲裁和判决，是合同具有法律约束力的具体体现。法院判决一经做出仲裁和判决，必须依法执行，以维护法律的严肃性和社会经济秩序。

项目小结

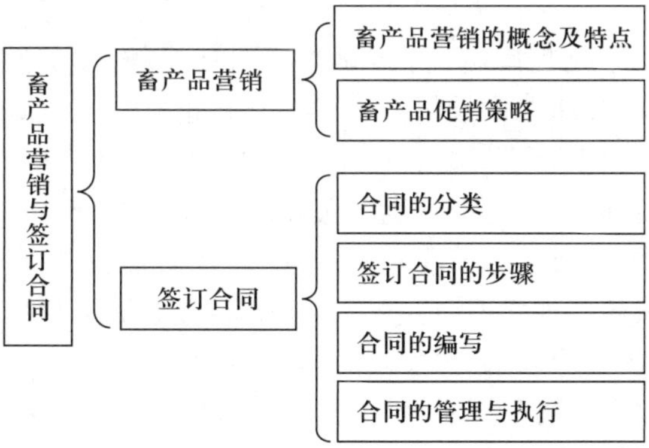

复习思考题

1. 什么是畜产品营销？畜产品营销有哪些特点？
2. 促销策略包括哪些内容？
3. 解释名词：合同、合同的担保。
4. 签订合同的步骤有哪些？
5. 解决合同纠纷的办法有哪几种？

项目五

畜牧企业生产要素管理

【知识目标】1. 了解畜牧企业各生产要素的作用。
2. 了解我国畜牧企业劳动计酬的方式。
3. 掌握畜牧企业的激励机制。
4. 掌握畜牧企业筹资的原则和方式。
【职业能力】能针对某一畜牧企业提出其提高劳动力利用率和劳动生产率的方法。
【素质目标】形成物尽其用、人尽其才、以人为本的工作理念。

管理是对生产、交换、分配、消费等社会再生产过程的各项生产经营活动，进行的决策、计划、组织、指挥、协调和控制等活动的总称，是社会化生产的产物和客观要求。管理是由许多因素构成的一个体系，它包括管理主体(管理者)、管理客体(管理对象)和管理活动(管理的内容和方法)。通过管理，生产过程的各个环节，生产要素的人、财、物有效地组合和协调活动，以达到预期的目的。劳动的社会化程度越高，共同劳动的规模越大，劳动的社会化分工与协作越细、越复杂，就越需要管理，管理工作也越重要、越精细、越复杂。由此可见，管理是任何的社会化大生产不可能缺少的一项重要活动。就一个企业范围来说，管理是用于解决企业内部如何组织各项生产经营活动的问题，它包括对生产关系的调整和生产力诸要素的合理组合。在经济活动中，管理始终与人和物两个因素联系在一起，它的功能主要是协调生产力诸要素，即人与人、人与物、物与物之间的各种关系，把整个经济活动有效地组织起来，从而更大地发挥生产诸要素的作用，产生更大的经济效果，以实现经营的目的。

畜牧企业是我国畜牧生产的基层单位，其经营管理的水平，不仅直接关系着本企业经营成果的大小、经济效益的高低以及企业成员收入，而且还影响着我国畜牧业生产的发展及为社会提供畜产品的数量和质量。经营管理的好坏，对一个企业来说至关重要，不论计划、决策，还是组织、协调都直接关系到企业经营的盛衰兴亡。我国当前畜牧业生产水平较低，不单是因为科学技术水平低，同时也是经营管理落后所致。为了实现十九大提出的“三步走”的宏伟发展目标，满足人民群众对各种畜产品越来越多的需求，更快、更好地发展我国的畜牧业，在提高畜牧业科学技术水平的同时，必须努力提高畜牧业的经营管理水平。即现代化的畜牧业生产，必须辅助以现代科学的经营管理。

任务一　信息管理

一、经济信息的概念

信息是反映客观世界中各种事物的特征和变化的普通形式，是受信者理解和整理后的消息、情报、数据、知识和资料等的统称。人类认识客观世界、改造客观世界的过程，实质上就是获取、积累、利用信息的过程。人们要借助信息获得知识，借助信息从事生产活动、经济活动和社会活动。在现代经济管理学中，信息已被当作物质、能量以外的第三大资源，同时也是生产力诸要素中的一个重要方面。

信息与消息、情报、数据、知识、资料有一定的联系，但又不是等同的概念。信息是通过消息来传递的，消息只有被受信者理解了并经过加工整理后才能成为信息。信息与情报也有区别，情报是指对新情况的报道或进行加工整理后的成果，如军事情报、科技情报等，信息的领域较宽，而情报的范围较窄，只是信息的一部分；另外，信息有发出信号的意思，而情报没这层含义。知识是同类信息的积累，是为了有助于实现特定的目的而抽象化、一般化的信息，知识包含着信息。一般的资料，不能称为信息，只有经过加工整理和解释的资料，才能称为信息。信息出于数据，是对数据的解释，只有数据被解释后，才能被视为信息。

信息可以度量并具有价值。信息量的大小取决于消息、资料、数据等不肯定程度的大小。信息量的不肯定程度大，信息量就大，反之信息量则小；如果事先知道了它的内容，其信息量则等于零。信息价值的大小是以对人的各种有用程度的大小来区别的；同一信息，对不同的人具有不同的价值，如思想迟钝、学识浅薄的人，就是对重要的信息也会表现出视而不见、充耳不闻的态度。

信息可以反馈，就是把输出的信息与作用对象相比较的结果再输送回来，并对信息的再输出产生影响。具体来说，就是企业通过信息反馈，及时地把产品的质量、销售情况及消费者的意见反馈到企业内部，企业尽快做出决策，改进企业的营销策略，不断提高企业的管理水平。

经济信息是信息的一种，是反映各种经济活动特征及发展变化情况的各种信息、情报、资料、数据等的总称。人们从事各种生产经营活动，总是不断地产生着经济信息，并通过这些信息的接收、传递与处理，反映和沟通各方面的经济情况及其发展变化趋势。所以经济信息存在于经济活动的全过程。

二、经济信息的特征

经济信息不同于自然信息，它是一种人与人之间传递的经济信息，以发出者和接收者共同理解的数据、文字、符号和信息来反映人们的社会经济活动情况。它具有以下一些特征。

(1) 有效性。只有有用的信息才是经济信息。它的效应表现在对管理的贡献上，一则有用的信息会帮助管理者采取有效的决策和控制措施，从而产生积极的经济效果，故又被人们称为“特种经济资源”和“无形财富”。无用的信息，其价值等于零。

(2) 动态性。随着时间的推移和科学技术的进步，经济信息总是处于动态变化之中。有的经济信息已经老化需要更新；有的原来不认识、不完善，需要补充和完善，扩充和扩大原来的信息量，满足受信者的需要。

(3) 空间性和时间性。经济信息的适用性受到一定的时间和空间限制,不同的空间和时间所需要的信息并不相同,同时随着空间和时间的变化,经济信息也在不断扩充和变更。

(4) 信息实体与载体的不可分性。信息是由信息实体与信息载体构成的整体,是不可分的。信息实体是指信息的内容,信息载体是反映信息的数据、文字、声波、光波等。现代管理的信息不能脱离载体而存在。信息技术现代化着重研究采取什么样的载体,用什么样的技术手段进行信息处理和传输,以便快速、准确地为各方面提供信息。

(5) 可采纳性和可替代性。根据准确的信息去组织有目的的生产或扩大生产,可以实现产销对路,货畅其流,提高经济效益。利用经济信息可以替代资本、劳动力、物资、材料或减少其消耗,而获取经济效益。

(6) 可扩散性和可分享性。随着信息传输渠道的多样化,信息能被迅速地传播,分享者越来越多。市场竞争者急剧增加,导致信息快速变化。

(7) 可压缩性和可储存性。人们可以对经济信息进行加工、整理,用精炼、浓缩的形态表示出来。经济信息也可以通过人的大脑以及文字、符号、录像、电子计算机等储存起来,储存的时间既可以是临时的,也可以是永久的。

三、经济信息的作用

畜牧企业管理就是企业运用经济信息,对其生产经营活动进行组织、计划、指挥、监督和调节的过程,管理过程实质上就是信息处理及应用的过程。一个畜牧企业的生产与原料供应是否衔接,人、财、物的流向是否合理,经济效益是否满意,关键的问题就是经济信息的畅通程度及信息处理的及时程度和准确程度。经济信息在畜牧企业管理中具有十分重要的作用。

(1) 经济信息是进行战略决策和制订经营目标的有力武器。企业的经营目标和战略决策是通过科学的预测和分析后制订的,而科学预测和分析离不开大量的经济信息。从一定意义上讲,经济信息的水平,决定着预测和决策的水平,决定着企业的兴衰。

(2) 经济信息是调节、控制和监督经营活动的依据和手段。经济信息不仅是决策的基础,也是执行决策的必要条件。一个企业的决策方案确定之后,必须进行一系列的管理活动,组织、协调方案的实施,这些活动既需要新的经济信息,又不断地产生经济信息,从而推动畜牧企业经济活动的正常进行和决策目标的实现。

(3) 经济信息是组织企业活动和提高企业经济效益的手段。一个企业是一个复杂的经济系统,由若干个分系统和子系统组成,每一个分系统和子系统都有一定的部门和岗位,部门和岗位之间是互相联系的,这些联系必须通过信息的沟通才能实现。正是有了目标、计划与再生产过程互相联系、互相依存的信息所组成的信息网,整个企业经济活动才充满活力。

四、经济信息的来源与分类

(一) 经济信息的来源

经济信息主要来自以下两方面。

1. 企业内部

企业内部的经济信息主要包括来自畜牧企业管理部门的各种决策、计划、调整以及营销等方面的经济信息;来自企业经济活动中的会计、统计、业务核算的原始记录、报表、总结,以及资金、供应、库存等方面的经济信息；来自生产活动中的各生产单位的记录、定额、规章、标准、生产调度、原材料等方面的经济信息；来自畜牧企业技术人员的技术水平、新技术的采用、新产品开发等技术方面的经济信息。

2. 企业外部

企业外部的经济信息主要包括来自政府部门的经济信息，主要有党和各级政府下达的方针、政策、法令、法规等；来自国外的经济信息，主要有报告、调查、汇报、书刊资料、专业情报等；来自市场方面的经济信息，主要是产品销售竞争、供需变化等情况；来自同类型管理部门和相关企业的经济信息，主要是会议、参观、访问、学习和经验交流等；来自各种信息机构的经济信息，如发展中心、商业部门、咨询机构等发出的各种信息。

（二）经济信息的分类

经济信息分类，就是根据信息的属性将其归纳到相应的类别中去。分类的目的在于压缩信息存储空间，提高信息加工、利用的效率，对于确定信息系统的组织机构、加工技术手段的选择等都有重要意义。

管理活动的复杂性决定了经济信息的多样性。每个企业都存在着与其本职业务相关的基本经济信息、特定经济信息和重要经济信息。

1. 基本经济信息

这是不可缺少的经济信息。因各畜牧企业的生产经营方向不同，所需要的基本经济信息是不同的，但归纳起来有两方面，一是外部经济信息，二是内部经济信息。

外部经济信息包括：①国内外同行业、同类产品的主要技术指标，如产量、质量、成本、利润、百元产值的工资含量等；②主要技术规程和技术措施，如工艺流程和技术规范等；③市场供需情况、经济发展情况、竞争对手的情况、价格变动趋势等；④国家经济杠杆的具体策略，如信贷、税收和价格政策及利润提成等。

内部经济信息包括：①各种原始记录、台账、统计报表、技术和业务档案等数据；②各种定额，如人员配备、物资消耗，财务收支等；③各种规章制度，如生产责任制度、财务管理制度、技术管理制度等。

2. 特定经济信息

使用者根据自己的特殊需要自行搜集的经济信息，称为特定经济信息。这是因为使用者对自己的工作目标最清楚，对可能发生的问题、影响发展的关键因素有独到见解。只有他本人才能决定何种信息对他职责内的管理活动最为有效。

特定经济信息价值的大小，决定于使用者水平。不同的经济信息，对不同管理层次或环节的有效程度不同。使用者水平越高，特定经济信息的价值越大；反之则越小。

3. 重要经济信息

重要经济信息就是政治、社会、新闻、文化和金融等方面的信息。政治方面，包括中央文件、领导讲话、政策法规；社会方面，包括人们在观念上的某些变化、社会上出现的各种倾向以及对某些问题的看法、议论和传说；新闻方面，包括传播的文章、报告、图像等；文化方面，包括电影、电视等；金融方面，包括贷款利率、外汇兑换率等。

五、经济信息的管理

经济信息的管理包括经济信息管理的要求、经济信息的处理及建立企业经济信息管理系统3个方面。

(一) 经济信息管理的要求

要使经济信息在畜牧企业的经营活动中发挥出最大作用,主要需受信者在处理经济信息时做到以下几点。

1. 及时

这是由经济信息的时效性所决定的。及时的经济信息表现为内容新、传递快。特别是先兆性的经济信息,更具有经济的时效性。在收集、采用信息时,要求做到灵敏、及时。要适时地记录已发生或已出现的种种经济现象及其过程,以最快的速度将信息传递给管理者和决策部门。如果经济信息传递不及时,依据过时的信息做出的决策会造成决策失败。

2. 准确

准确就是反映的情况要真实可靠,这是经济信息的生命所在。只有准确地反映客观实际,才能有效地指挥生产,保证生产经营的安全。如果经济信息不准确,缺乏科学性、可靠性,那么依此所做出的决策就不可能符合客观实际,会给企业造成极大的损失。

3. 适用

适用就是要符合畜牧企业的生产经营需要,对实现战略目标、完成计划任务可发挥积极作用。适用包含两层意思:一是提供的信息是适时需要的信息。管理需要的信息不是越多越好,价值不大的信息或者过时、失真的信息反而会影响工作效率。二是不同决策部门需要不同的信息。最高决策部门确定战略决策,中层决策部门确定战术决策,基层决策部门确定日常业务决策。由于不同决策层次所解决的问题涉及的范围及其重要程度不同,其决策所需要的信息也就有所不同。为此,对搜集来的大量经济信息,必须进行筛选、分析和加工,提高其适用性。

4. 经济

经济是指采用的信息处理方式要符合经济效果的要求,即用最短的时间、最快的速度、最少的费用获得最多的准确适用的经济信息。

(二) 经济信息的处理

根据经济信息管理的要求,信息处理需经过以下几个程序来完成。

1. 信息收集

信息收集就是对原始信息资料的收集。这是一项基础工作,它决定着整个信息工作的质量和时效。要通过市场调查获得真实、全面、可靠的经济信息。收集信息的渠道包括以下几个方面。

(1) 国家各级机关部门的文件、主要报刊、广播、电视、网站等,这是信息的重要来源。

(2) 各种权威性信息机构的信息,如国家综合性部门所办的信息机构、重要新闻单位、高等院校和科研院所的信息咨询机构、专业性的信息报刊等。它们提供的信息比较集中,专业性较强,服务目的明确。

(3) 当地各种综合资料,如报表、单据、档案等。这些多属原始状态的信息,一般比较分散,缺乏系统性,需经过加工整理方可使用。

(4) 开展专题调查和有偿征集信息活动,也是收集信息的一个重要来源。通过该方式取得的信息主要包括国家经济建设的中长期规划,价格、税收和信贷政策等;产品收购计划及其动态，外贸需求和品种、质量、价格与数量，国内市场消费结构需求变化情况，消费水平及倾向等；能源、原料供应状况及价格变动趋势；新产品、新技术的开发情况等。

2. 信息加工

信息加工就是运用一定的科学方法，对大量的原始信息进行分类、筛选、比较、计算、整合，从中去粗取精，去伪存真，使之系统化、条理化，以便保管、传递和使用，节省人力、财力和时间，提高管理效能。

信息加工是信息处理的关键环节，做好这一工作至关重要。为此，信息加工要遵循以下原则：尊重客观性原则，要求对信息的加工处理不能凭主观想象，要如实加以登记、分类、计算、比较；注意潜在性原则，那些潜伏着的、表现不强烈的信息有时可能代表一个强大的趋势和方向，要注意捕捉，以便提前发布；注意隐患性原则，在加工过程中发现需要进一步弄清的信息问题，要及时查明隐患所在，一时查不清的，也不能随便抛弃，更不能把此类信息夹在供决策的信息之中。

3. 信息传递

根据时间、距离、费用和效果选择适当的信息传递手段和传递方式，快速、准确地把信息从信息源及时地传递到使用者手中。信息的传递要建立适合的传递通道系统，形成信息流和信息网。

4. 信息储存

经过处理后的信息，有时并不需要立即使用，有的信息使用过后，还要供日后参考，因此，需要将这些信息储存起来，储存的信息要建立档案，建立科学的信息检索方式。

（三）建立企业经济信息管理系统

企业经济信息管理系统是由专业人员及各种机械装备，按照一定的程序要求组合的综合体。建立此系统是一件比较复杂的工作。要建立一个良好的信息管理系统，应按以下步骤进行。

1. 确定目标

要建立一个良好的信息管理系统，先要明确建立一个什么样的信息管理系统。信息管理系统的规模大小受企业的规模、发展前景与发展方向的制约，应与企业的经营规模相一致；信息管理系统要以企业的管理对象和管理方法为依据，建成后应满足企业经营管理的需要，有利于企业的经营管理水平的提高；信息管理系统的现代化装备水平决定于企业的经济效益。所以，要根据上述 3 个方面，确定管理系统的目标。

2. 调查研究

调查畜牧企业内部各系统、部门和岗位间的决策范围，所需信息的来源、数量、质量与时间特点，这是建立畜牧企业经济信息管理系统的内在依据；调查畜牧企业与外部的关系，包括企业与企业的横向联系，企业与上级管理系统的纵向联系，企业与市场的需求关系等内容，以此为依据设计企业经济信息管理系统的输入与输出。

3. 信息系统的结构设计

信息系统的结构设计是由管理对象和调查研究的情况决定的。首先，对各种不同的信息进行规范化处理，如统一表格格式，统一计算方法，统一分组口径，明确报送时间等，保证信息正常运转。其次，合理地分解子系统。子系统的建立，要遵循先分解后协调的原则。在建立子系统的过程中，运用运筹学，优化技术，通过系统设计求得最优化，然后考虑其上、下、左、右系统对其影响程度。最后将各子系统组成一个整体，求得总体优化。

4. 最优方案

对不同的系统设计方案进行比较评价，分析各方案的优点和缺点，从中选出最优方案。

5. 系统的建立

以已确定的系统方案为准绳，建立组织机构、培训人员、购置设备，建立健全与此有关的规章制度。

6. 投入运营

将信息管理系统投入工作，通过系统运行和反馈不断发现问题，不断对系统进行改进和完善。建立后的信息管理系统，要做到各种软件的标准化、格式化和典型化，这样才能发挥信息系统的管理作用，提高管理效率，改善畜牧企业的经营管理工作。

任务二　劳动管理

一、畜牧业劳动的特点

畜牧业劳动作为社会整体劳动的一个组成部分，同其他劳动相比有以下几个特点。

(1) 劳动对象的特殊性。畜牧业劳动的主要对象是有生命的畜禽。各种畜禽是人类经过长期驯化培育出来的，由于长期在人们的精心照料下生活，对自然条件的适应性和对疾病的抵抗能力较野生动物差，需要饲养员精心饲喂照管。所以畜禽饲养必须建立严格的责任制度，劳动组织必须保证相对稳定，饲养员必须要有较丰富的生产经验和一定的专业技能与知识。

(2) 舍饲劳动的均衡性。畜牧业劳动的对象是动物，需要每天饲养，不管有没有产品产出，均需不断投入劳动力，所以管理的季节性不明显，用工量在全年基本上是均衡的。由于饲养动物的劳动力投入量较大，因此大力发展养殖业有利于吸收农村剩余劳动力。

(3) 劳动产品的阶段性。饲养动物有些可以在一个阶段内持续取得畜产品，如奶牛产奶、家禽产蛋等，有些必须在一个阶段结束后才能取得产品，如仔猪、肉仔鸡、育肥猪、羊毛等。但多数幼畜每经过一个生长阶段都可以取得半成品或中间产品，故畜牧企业可按照畜禽的数量和各阶段取得的产品量，如繁殖数、成活数、增重量等分别确定劳动的有效性，及时计算报酬，从而更准确地贯彻承包责任制，更好地体现按劳分配原则，调动生产者的积极性。

(4) 生产劳动的多样性。广义的畜牧业生产劳动，除了饲养畜禽和放牧劳动外，还包括饲料生产和产品初级加工等方面的劳动。饲料生产、产品初级加工、贮运、保管方面的劳动，不仅劳动量大、劳动季节性强，而且这种劳动的成效在很大程度上影响甚至决定着饲养劳动的效果。

正确认识畜牧业劳动的以上特点，有助于企业合理组织畜牧业劳动生产，制订责任制度和确定劳动报酬制度。

二、畜牧业劳动力资源与利用

重视劳动力在畜牧业生产中的作用，在我国具有特别重要的现实意义。这是因为劳动力既是最重要的生产力要素，同时又是消费者。我国有近7亿农民，参加畜牧业劳动的总人数在

8 000万人左右，约占从事农林牧渔业 3.3 亿劳动力的 1/4，是一支仅次于种植业劳动力数量的劳动力队伍。而且随着我国加入 WTO，参与国际农产品市场的竞争，将不断地根据国内外市场的需求变化调整产业结构，畜牧业生产在农业总产值中所占的比例将不断提高，从事畜牧业生产的劳动力也将一定程度的增加。因此研究并解决畜牧业劳动力充分合理利用问题，对于解决我国的“三农”问题，对于实现小康社会、实现现代化，比其他国家、比任何时期都更具突出的意义。

（一）劳动者的作用

众所周知，具有劳动能力的人是构成社会生产力首要的能动因素。畜牧生产既离不开劳动力的作用，也离不开畜禽、饲料、工具等物质资源条件。尽管先进的科学技术和生产手段对畜牧业经济发展起着巨大的推动作用，但也丝毫改变不了劳动力在振兴畜牧业经济中的决定性作用。任何先进的科学技术和生产手段必须通过人才优势才能充分发挥出来，才能为社会创造财富。因此，人始终是主导因素，处于主导地位；物质是被动因素，处于从属地位。

进行畜牧业生产就是要用最少的劳动消耗取得最多、最好的产品，取得最佳的经济效果。其决定的因素是“人”而不是“物”，因为畜禽、饲料等毕竟是开发利用的对象和条件，只能被动进入畜牧业生产经营过程。饲养有生命的活体畜禽与其他物质生产劳动不同，活体畜禽对自然灾害和疾病的抵抗力十分脆弱，对供给的条件十分敏感。因此，饲养和照料畜禽，所需的劳动力不多，但对劳动者的责任心和劳动技能要求更高。从再生产过程来看，畜禽生产产品是间歇性的，而人们的劳动却是持续性的，在畜禽提供产品期间，仍需不断地进行饲养管理劳动。因此，畜牧业劳动延续时间长，劳动季节性小，劳动的专业性、技术性和时间性比较强，所以要求畜牧业劳动组织要相对稳定，饲养畜禽要有严格的责任制度，饲养者必须有较为丰富的经验、知识和专门技能；从产品特点来看，大部分畜产品是供广大消费者直接选购的鲜活产品，本身易受外界细菌感染，易腐、易坏、易变质，不宜长期贮存，不便长途运输，如果管理不善、流通不畅，产品价值就会降低，甚至全部损失，所以要求企业管理者不仅思想、技术素质要高，而且需知识广博、经验丰富。所有这些特殊性，客观要求从事畜牧生产经营要以人为核心，要充分调动人的积极性和创造性，提高人员的素质。同时，科学技术要靠人开发、掌握、推广，企业经营管理更要靠人来决策、计划、运筹，而人的最大特点是具有能动作用。这种能动性，即人工作劳动的积极性和创造性，必然对畜禽、饲料等物的开发利用程度与生产效率的提高起着决定性的作用。总之，在人与物的关系中，人是生产的主体，是主动、决定的因素，是企业生存、发展的内在动力。各种物质因素要通过人的能动作用才能更好地发挥作用。“事在人为，物在人管，财在人用”就是这个道理。

明白上述道理后，就要克服传统管理中“见物不见人”和主次颠倒的片面观点，高度重视人的因素的重要性，重视人力投资的重要性，把企业经营管理特别是劳动管理的重心真正放在“人”身上，表现出对人的高度关心，切实做好人的工作，真正建立起精神和物质激励机制，充分发挥人的积极性和创造性，提高人的科技和管理素质，重视、培养、引进以及合理使用人才。总之，对人的工作做得好坏，将决定一个企业经营盈利的水平。扩大来看，某些经济发达国家的经济增长和经济起飞之所以那么快，其中一个重要原因就是强调企业管理要以人为核心，重视人力资本投资，重视智力教育投资，建立起对人的激励机制，充分发挥人才的作用，这种管理思想和管理方法值得企业管理者深思和借鉴。

(二) 马斯洛需求层次理论

马斯洛是美国心理学家和行为科学家,他所提出的需要层次理论,将人的需要分为以下 5 个层次。

1. 生理的需要

生理的需要是指维持人的生存的需要,包括人的衣、食、住、行等方面的需要,是人最起码的、最基本的需要。如果一个人同时有食物、安全、爱情、尊重等多项需要时,其中最强烈的需要一定是对食物的需要。而当食物等人类最基本的需要得到满足时,其他的需要才能成为新的激励机制。

2. 安全的需要

安全的需要是指心理上和物质上的安全保证,包括人身的安全、财产的安全和职业的稳定等方面的需要。人身安全的需要要求人身免受伤害,如避免疾病和工伤事故等;财产安全的需要要求避免财产的损失;职业稳定的需要要求免受失业的威胁。实际上,在现实生活中每个人都有获得安全感、稳定感的欲望。

3. 社会交往的需要

社会交往的需要是指人对于友谊、爱情和归属的需要。马斯洛认为,当生理需要和安全需要得到满足之后,人们便希望得到友谊和爱情,希望受到集体的接纳,得到集体的帮助。

4. 尊重的需要

尊重的需要是指每个人都有自尊的需求和希望他人尊重自己的需求。一方面每个人都希望得到名誉、地位和声望等,希望受到他人的尊重和认可;另一方面也希望自己具有实力、自由、独立性等,感受到自己存在的价值,从而产生自尊、自信心。

5. 自我实现的需要

自我实现的需要是指人希望从事与自己能力相称的工作,使自己的能力得到充分的发挥,并从事业的成功中得到内心的满足。

马斯洛需求层次理论认为,人们的需要是依据层次要求,依次满足的,是逐级上升的。当生理的需要满足以后,第二层次安全的需要就出现了,并要求满足。这种需要是按先后顺序发展的,满足了的需要不再是激励因素。以上 5 种需要人们并不能都得到满足,等级越高者越不容易满足。

对于管理者来说,了解这些需要十分重要,同时还应认识到,有些人对社交的需要较尊重的需要更为重要;有些人对某些生理的需要也许要求多些,金钱仅仅是激励他们的一种方式。要了解员工想要被满足的具体需求是什么。如果具体需求是生理的需要,那么企业就要提供更多的工资福利;如果具体需求是尊重的需要,那么企业就应考虑对这些人所完成的工作给予更高的评价。

人的物质需求和精神需求,既相互区别,又紧密联系。

(三) 提高畜牧业劳动力利用率的方法

充分利用畜牧业劳动力资源,一方面要求提高劳动力利用率,另一方面要求提高劳动生产率。前者表明劳动力的利用程度,后者表明劳动力的利用效果。

畜牧业劳动力利用率是指已经利用的劳动力占劳动力资源总数的比例，表明有劳动能力的人实际参加畜牧业劳动的程度。

1. 衡量畜牧业劳动力利用率的指标

①出勤率，即实际参加畜牧业劳动的人数占应参加畜牧业生产劳动人数的比例，或实际参加畜牧业劳动时间占劳动者应参加劳动时间的比例。其用公式表示如下：

$$出勤率=\frac{实际参加畜牧业劳动的人数}{应参加畜牧业劳动的人数}=\frac{实际工作日数}{应当出勤的工作日数}$$

②工时利用率，即畜牧业劳动者在班工作日中纯工作时间占工作时间的比例。其用公式表示如下：

$$工时利用率=\frac{纯工作时间}{工作日时间}$$

在劳动力总量和劳动生产率不变时，提高劳动力利用率，能够完成更多的工作量和产品生产量。

2. 提高畜牧业劳动力利用率的方法

提高畜牧业劳动力要因地制宜，既要从长计议，又要着眼当前，主要途径如下。

(1) 加强畜牧业基础设施的建设，变畜牧业粗放经营为集约经营。在农区除了进行农田基本建设，建设高产、稳产农田从而增加粮食和作物秸秆等粮食副产品的生产用于发展畜牧业以外，在有条件的地区，可以发展粮食作物与饲料作物的套种来增加饲料的生产，这样既提高了粮食产量，又增加了饲料的生产，从而可以扩大畜牧业的养殖规模。

(2) 发展畜产品加工业，走牧、工、商一体化综合发展的道路。不仅可以提高农村、牧区劳动力的利用率，还可以拉长畜牧业产业链条，增加畜牧业产值。

(3) 发展多种形式的经济联合，促进畜牧业劳动力的合理利用。要进一步深化改革，鼓励从事畜牧业生产的农户之间，从事畜牧业生产的农户与从事种植业生产的农户之间，农户与企业之间，企业与企业之间，城市与乡村之间在资金、技术、劳动力和其他各种资源条件方面实施合作，实行自愿互利、入股分红等多种形式的联合，实行产业化经营，从而充分利用农村、牧区的劳动力资源。

(4) 鼓励和帮助畜牧业剩余劳动力外出做工、经商。在有些牧区，由于草场面积的制约，或由于采用机械化作业，出现了畜牧业劳动力剩余的现象，鼓励牧民外出做工、经商，可以增加牧民的收入，开阔牧民的视野，掌握做工、经商的技能，加强与外界的联系，带动牧区经济的建设与发展。

3. 提高畜牧业劳动生产率的方法

畜牧业劳动生产率是指畜牧业生产人员在单位时间生产的产品数量或单位产品内所包含的劳动时间。劳动生产率反映在一定时间内劳动者的劳动成果和劳动消耗之间的对比关系。提高劳动生产率意味着在单位时间内生产更多的畜产品，或者生产单位畜产品，消耗更少的劳动时间。其用公式表示如下：

$$畜牧业劳动生产率=\frac{畜产品数量或产值}{劳动时间}$$

$$畜牧业劳动生产率=\frac{劳动时间}{畜产品数量或产值}$$

畜牧业劳动生产率是反映畜牧业生产水平的重要指标，提高劳动生产率的方法主要有以下几方面。

(1)充分调动劳动者的积极性。调动劳动者的积极性是项复杂的系统工程，并不是采用某项措施就能够实现的。当前应加快现代企业制度建设，从根本上激发员工的工作热情。同时，企业内部应完善组织分工、奖励分配制度、目标导向设置、考核制度，改变领导作风，提高管理协调水平。

(2)积极采用先进的科学技术。科技是第一生产力。当前必须深化科技体制改革，大力开展新的畜牧业科技革命，逐步建立具有世界先进水平的畜牧业科技创新体系、高效率转化科研成果的技术推广体系、不断提高畜牧业从业人员科学文化素质的教育培训体系，既要重视基础研究、开发研究，又要重视技术推广；既要发展高新技术，又要重视常规技术；既要集中力量开展关键技术攻关，又要注重产前、产中、产后技术的集成配套。鼓励各地从发挥资源优势、形成产业特色出发，积极引进先进技术。

(3)大力推进产业化经营。产业化经营可以集科学技术、现代管理、先进的生产工艺于一体，是转变畜牧业增长方式的有效途径，可以较好地解决小规模经营与社会大市场需求的矛盾、提高劳动生产率与剩余劳动力的矛盾以及畜牧业科技含量低等问题。搞好畜牧业产业化经营，要注意按市场规律办事，防止一哄而上；要因地制宜，防止不切实际的仿效；要坚持自愿原则，防止行政强制推行；要正确处理好各方面的利益关系，防止利益分配不合理。

(4)不断提高畜牧业从业人员的素质。随着畜牧业生产力的发展，畜牧业生产需要更多有文化、懂技术的劳动者、专业技术人才和管理人才去掌握和应用先进的物质技术装备、生产技术和现代管理技术，应加强高级、中级、初级畜牧兽医和草原建设人才的培养，不断提高畜牧从业人员的整体素质。

(5)合理利用、改善和保护自然资源，维护生态平衡。畜牧业生产是和自然资源、自然条件联系在一起的。因地制宜地进行畜牧业生产的合理布局，逐步实现畜牧业生产专业化与地区分工，维护生态性循环，是提高畜牧业劳动生产率的前提。

(四) 激励的方法

提高畜牧业劳动力利用率归根结底是要提高畜牧业劳动者的知识性。劳动者积极性的提高离不开激励，激励是现代管理的重要职能之一。激励就是通过科学的方法，了解和满足人的需要，引导人的行为动机以及人的积极性的一种管理活动。激励是以人的欲望和环境刺激为起点的，进而形成有效需求，产生动机，并导致行为，直至需求满足的全过程。激励的过程，也可以说就是管理者引导人们不断产生有利于实现管理目标的行为过程。

由于人们的欲望和环境的刺激多种多样，所以动力也不尽相同，但基本的动力有 3 种，即物质利益、精神动力、信息动力。

动机支配人们的行为，而动机又是在需要的基础上产生的。当人们的某种需要产生时，心理上就会产生一种不安和紧张状态，即激励状态，从而造成一种内在驱动力，这就是动机。有了动机，就要导致行为，指向目标；当目标达到以后，需要即得到满足，激励状态解除，随后又会产生新的需要；周而复始，直至人的生命终结。这个过程就是激励过程。追求心理上需求满足的人，把工作视为高尚，视为满足自我需求的手段。

1. 激励的技巧

(1) 对不同的职工应采用不同的激励手段。对于低工资人群,奖金的作用十分重要。对于高收入人群,特别是对于知识分子和管理干部,晋升职务、授予职称及尊重其人格、放手让其工作等会收到更好的激励效果;对于从事笨重、危险、环境恶劣的体力劳动的职工,搞好劳动保护、改善其劳动条件、增加岗位津贴,都是有效的激励手段。

(2) 注意激励的综合效价。尽量增加物质奖励的精神含量,使获奖的人不仅在物质上得到实惠,而且在精神上受到鼓舞,激起荣誉感、光荣感、成就感和自豪感,从而使激励效果倍增。例如,企业在颁奖时,举行隆重的颁奖仪式,就可以收到震撼人心、让人终生难忘的效果。

(3) 适当拉开实际效价的档次,控制奖励的效价差。奖励的效价差过小,搞平均主义,会失去激励作用;但效价差过大,超过贡献的差距,则会走向反面,使职工感到不公平。所以,企业在采取激励手段时,应尽量使效价差与贡献差相匹配。

(4) 适当控制期望概率,即职工主观上认为自己获奖的概率。一般来讲,在劳动竞赛的动员阶段,应提高员工的期望概率;当员工在工作中遇到困难和挫折时,应及时鼓励,使下降的期望值重新升高;当进入评比发奖阶段,员工的期望概率普遍偏高,这时应让大家冷静,使期望概率降低到比较接近实际情况,避免诱发员工的挫折心理和挫折行为。

(5) 注意期望心理的疏导。当某些员工因得不到想要的奖励时,会出现挫折感和失落感,解决的办法是及时对职工的期望心理进行疏导。疏导的主要方法是将其目标转移到“下次”或“下一年度”,树立新的目标,淡化过去,着眼未来。

(6) 注意公平心理的疏导。应让员工树立正确的公平观。正确的公平观包括3个内容:第一,要认识到绝对的公平是不存在的;第二,不要盲目攀比;第三,不应按酬付劳。

(7) 恰当树立奖励目标。在树立奖励目标时,要坚持“跳起来摘桃子”的标准,不能过高也不能过低。过高则员工的期望概率降低,过低则目标效价下降。对于一个长期的奋斗目标,可以分解为一系列阶段目标,一旦达到阶段目标就及时给予奖励,这样可以提高员工的期望概率,维持较高的士气。

(8) 注意掌握奖励时机和奖励频率。一般来说,对于十分复杂、难度较大的任务,对于目标任务不明确、需长期努力才见效的工作,对于需要层次较高、事业心很强的人,在劳动条件和人事环境较好、工作满意度较高的单位,奖励频率宜低;对于比较简单、容易完成的任务,对于目标任务明确、短期可见成果的工作,对于只注意眼前利益、目光短浅的人,在劳动条件和人事环境较差、工作满意度不高的单位,奖励频率宜高。

2. 惩罚的技巧

(1) 不能不教而诛。惩罚之前应做好充分的思想工作,只有对那些屡教不改或造成严重后果的人才能实施惩罚。

(2) 尽量不伤害被罚者的自尊心。宣布惩罚的方式要有所选择,应使被罚者自尊心受到的伤害控制在最小程度,特别应尊重其隐私,不要使用侮辱性语言。

(3) 不要全盘否定。应把成绩与错误分开,不要当员工一犯错误就全面否定其一切工作和个人的长处。在处罚犯错员工的同时,应看到其闪光点,抓住其积极因素,促使其向好的方向转变。

(4) 不要掺杂个人恩怨。不能以执行纪律为名进行打击报复或排除异己。

(5) 打击面不宜过大。当违纪违法事件涉及较多人员时,应采取“杀一儆百”的办法,打击少数极端分子，教育和团结大多数人员。

(6) 不要以罚代管。惩罚只是管理的一个手段，不要过分依赖惩罚去推动工作、树立领导权威，更不应以惩罚代替全面的管理。

(7) 不可以言代法。惩罚要做到有章可循，不能由领导主观决定。

(8) 将原则性与灵活性相结合。由于现实的事务是很复杂的，在不违背法律法规的前提下，掌握一定的灵活性是完全必要的。尽管管理制度是铁面无私的，但在执行管理制度时还是应充满人情味。

3. 精神激励的方法

(1) 目标激励。企业应将自己的长远目标、近期目标进行充分宣传，做到人人皆知，从而激发大家的事业心和使命感。

(2) 内在激励。要让员工在工作中感到无穷乐趣，在工作中感受到人生的意义和价值。

(3) 荣誉激励。通过授予某种荣誉的方式激励员工。

(4) 兴趣激励。让员工在企业里找到自己最感兴趣的工作，以及开展各种活动来满足员工的某些业余爱好。

(5) 参与激励。让员工参与企业的管理。当前普遍采用的“奖励员工合理化建议”制度就是行之有效的员工参与形式。

(6) 感情激励。加强与员工的感情沟通，尊重员工，关心员工，与员工建立平等和亲切的感情，让员工体会到领导的关心和企业的温暖，从而激发出主人翁责任感和“爱厂如家”的精神。

(7) 榜样激励。模仿和学习是一种普遍存在的需要。管理中通过树立典型的模范人物作为员工学习的榜样，可对员工产生号召与引导的作用。榜样激励的一个重要方面是领导者本人应身先士卒，率先垂范。

常会看到这样一种现象：能力相同的人会做出不同的成绩，甚至能力差的人可能比能力强的人工作更好。究其原因就在于领导者在领导过程中对下属的激励方法不同，才导致产生不同行为及后果。美国心理学家威廉·詹姆士通过实践发现：在按时计酬的条件下，一个人要是没有受到激励，仅能发挥其能力的10%～30%；如果受到正确而充分的激励，就能发挥其能力的80%～90%，甚至更高。行为科学认为，一个人的工作成绩不仅与其能力成正比，而且与其动机的激发程度成正比，即：

$$工作成绩=能力\times 动机激发程度$$

由此可见，在能力不变的条件下，工作成绩的大小，取决于受激励的程度。在领导的过程中，员工受激励的程度越高，就会越加努力地工作，成绩就会越大；反之，若受激励的程度较低，员工工作积极性就会下降，其成绩也就随之减少。领导者只有激发员工工作的热情，才能保证领导目标的实现。

三、劳动组织

劳动组织是指在一定生产方式下，劳动者在生产过程中采用劳动分工和协作的形式。它的中心任务是研究企业如何组织劳动者合理进行劳动。其目的就是按照生产的需要，将劳动力和生产资料科学地结合起来，达到节约劳动耗费和提高劳动生产率的目的。

分工是指许多劳动者在有计划的协同劳动过程中，各自从事各种不同的、具有一定量的工作。在分工基础上的劳动协作是更进步的劳动协作形式。分工有 3 种形式：①部门间分工，是指畜牧企业内部各部门的分工；②作业分工，是指一个生产部门内不同岗位上的分工；③地段分工，是指按照动物饲养舍不同来分工。

协作是指同一生产过程中的，或生产过程不同但生产过程相互联系的许多劳动者有计划地一起协同劳动的过程。协作又分为简单协作和复杂协作。简单协作是指许多劳动者共同从事同一工作或性质相同的工作；复杂协作是指许多劳动者在同一生产过程或虽不相同但互相联系的几个生产过程分工从事不同的劳动，共同完成某种生产力水平的生产，是先进的协作。

随着专业化水平的提高，畜牧业内部分工更加细化，复杂协作日趋重要。不仅孵化、饲养、饲料加工等已转向专业化生产，而且在畜牧业的产前、产中、产后的社会服务也已出现专业分工，比较完善的社会化服务体系正在形成。

畜牧企业建立劳动组织应该遵循以下原则。

(1) 与生产任务的性质相适应。对于经常性的任务，比如饲养和放牧等工作，专业性和技术性都较强，应该建立常年固定的劳动组织；对于某些时间紧、时效性强的突击性任务，如牧区药浴、注射疫苗等则应成立临时突击或专业组织。

(2) 有利于发挥效能。建立劳动组织应该充分发挥畜舍建筑、机械设备、生产工具和劳动力的效能，这样有利于降低单位产品成本，进而降低畜牧业的生产总成本。

(3) 有利于规模化、专业化发展。要将基本劳动力常年固定在一定岗位上进行劳动，做到人、畜、舍、设备相对固定，力求分工具体，责任明确，责、权、利统一，有利于合理组织劳动协作，以适应畜牧场机械化、专业化、规模化的发展。

四、劳动定额和劳动报酬

(一) 劳动定额

劳动定额是指在一定的生产技术条件下，对劳动者生产某种产品或完成某项工作任务的劳动消耗量的标准。在畜牧企业中，劳动定额通常指一个中等劳动力在一定生产技术条件下应用一定的生产工具，在单位劳动时间内生产出符合质量要求的产品和单位工作任务的量，或者是生产单位产品或完成单位工作任务所需的劳动时间。

1. 劳动定额的种类

劳动定额包括产量定额、作业定额和工时定额。产量定额，是指单位劳动时间内(通常指一个工日)生产出的某种产品的数量；作业定额，是指单位时间内完成的某种作业的数量；工时定额，是指生产单位产品或完成单位作业所耗费的工时数。

2. 劳动定额的制订方法

(1) 经验估工法：劳动定额由领导和专业技术人员以及老饲养员共同研究确定，简便易行，但容易出现偏差。

(2) 统计分析法：根据过去或现行的畜牧企业生产工序(作业)的产量或工时定额的统计资料，经客观分析研究后，结合当前畜牧企业生产情况，研究制订新的劳动定额。

(3) 技术测定法：运用技术方法经过实际生产操作过程的劳动、测时、记录、计算来确定劳动定额各组成部分的时间，包括作业时间、自然生理需要时间和准备与结束时间等。

以上 3 种方法各有优点、缺点和不同的适用条件，在具体运用中可以根据现场需要与可能进行选择。

（二）劳动报酬

劳动报酬是指社会、集体和个体经营者根据劳动者提供的劳动数量、质量或生产畜产品的多少给劳动者个人的补偿。企业在劳动报酬分配上要坚持以按劳分配为主的原则。

劳动具有不同的形态，包括流动的劳动形态、潜在的劳动形态和凝结的劳动形态。流动的劳动形态，即实际劳动中支付出去的劳动；潜在的劳动形态，即劳动者体内所具有的劳动能力，它包括体力、技术水平和劳动熟练程度；凝结的劳动形态，即物化在产品中的劳动或凝结成产品的劳动。依据第一种形态计酬不合理，因其中含无效劳动；依据第二种劳动形态计酬也不合理，因其中有出勤不出力者；依据第三种劳动形态计酬则是合理的，因为它兼顾了产品产量和劳动成果。

我国畜牧业现行的劳动计酬形式主要有以下几种。

（1）岗位工资制：按照员工在生产中的不同岗位确定工资的一种形式。岗位工资标准是根据各岗位的劳动繁重程度、技术复杂程度、劳动条件以及责任大小制订的。

（2）绩效工资制：主要是按照员工的近期绩效决定员工工资，如完成饲养畜禽的数量、畜产品产量、繁殖率、成活率和饲料转化率等。

（3）年资工资制：按照员工的年龄、工龄、学历和经历等因素确定员工工资的一种形式，随着年龄、工龄的增长，工资自动增加。

（4）技能工资制：根据员工的技术水平和工作能力确定工资水平的一种形式。

（5）结构工资制：综合考虑员工的年资、能力、职务及绩效以确定其报酬。

任务三　资金管理

一、资金的概念和作用

（一）资金的概念

资金是商品经济的血液，也是畜牧企业从事生产经营活动的前提条件。所谓资金，从广义上讲，是指社会再生产过程中，生产、分配、流通和消费等环节中各种财产的货币表现；从狭义上讲，是指国家划给、股东自筹、银行借入或畜牧企业自筹的，在生产经营活动中支配、运用的那一部分财产的货币表现，包括实物形态和货币形态的两类资金。一个企业只有拥有一定数量的生产经营资金，才能保证畜牧企业简单再生产和扩大再生产的顺利进行。

（二）资金的作用

畜牧企业的资金，是生产要素之一，它的重要作用如下。

（1）保证畜牧企业再生产过程的完整实现。畜牧企业再生产过程，也是物质资料消耗的过程。无论是简单再生产，还是扩大再生产，资金都是必要的前提条件。

（2）畜牧企业的资金体现为生产资料，是企业进行生产的物质基础。

（3）畜牧企业的资金，联系着再生产过程的各种生产要素，通过一定形式，在畜牧企业生产中转变为现实生产力。

(4) 资金在流通过程中是交换手段，使生产成果的社会价值得以实现，使畜牧企业再生产过程得以周而复始地持续进行。

(5) 运用资金的货币形态，对生产要素和生产成果进行核算，确定资金投入的经济效果，论证经营的成败。

二、资金的筹集

畜牧企业从各种渠道取得资金，以满足生产经营对资金的需要，这称为资金筹集。我国畜牧业生产建设事业的发展，需要大量的建设资金。资金供应长期严重不足，已成为制约我国畜牧企业发展的“瓶颈”。因此，多方挖掘资金，多渠道筹集畜牧企业建设资金，便成为畜牧企业主要职能之一。

畜牧企业筹集资金：一是通过多渠道和合理方式向社会自主筹集长期和短期资金，以弥补生产资金的不足，这对保证企业生产、经营、建设的资金需要，促进企业发展，缓解资金困难有现实意义；二是筹集资金有利于保证企业技术改造，技术更新和扩大再生产的资金需要；三是筹集充足的资金可以做到以最低的筹资成本，保证企业资金需要。

(一) 企业筹资原则

1. 确定合理的资金需要量

资金是有时间价值的，企业筹资过多或过少都会影响企业经济效益的提高。因此，企业筹资时首先要考虑一个合理的资金需要量。推算资金需要量的方法有以下几种。

(1) 按单个生产畜禽或单位产量的草料所需的投资额测算：先测算出每头繁殖母猪、育肥猪、产奶牛，每只鸡，或生产每公斤草料所需的投资数额，然后按畜禽的经营规模或拥有的生产能力，算出资金的总需要量。

(2) 按每百元畜牧业产值所占用的资金测算：如按初步实现畜牧场现代化每百元产值需占用资金 270 元计算，某畜牧企业预计 2010 年初步实现畜牧业现代化时，畜牧业总产值达到 2 000 万元，则需资金 5 400 万元。

(3) 按畜牧企业经营资金的年平均增长速度推算：如某企业有固定资金 1 000 万元，在过去 20 年中，固定资金年平均增长速度为 8%，预计今后 6 年，固定资金年增长速度可提高到 10%，则 6 年结束时，共需要固定资金 1 771.6 万元。

(4) 先按平均每个畜牧企业劳动力需占用固定资金数额推算出固定资金需要量，然后再按流动资金的比例推算出流动资金需要量，二者的总和，即为畜牧企业经营资金的需要量。

2. 确保筹集资金的按时供应

畜牧业生产经营有一定的季节性，不同时期的生产资料价格不同，只有在时间上和数量上满足企业资金的需要，才能提高资金的使用效果。

3. 根据资金投放决定筹资方式和数量

筹资是为了投资，只有在确定了有利的投资方向、投资项目，安排明确的资金用途后，才能选择筹资的渠道和方式。企业固定资金与流动资金的性质与用途各不相同，筹资时，应根据资金的用途，选择相应的筹资渠道和方式，以有效地保证企业各种资金的不同需求。

4. 筹资的费用要适当

企业在筹资过程中，不论采取什么渠道和方式筹资都要付出一定的费用，包括资金筹集费、债券利息、股息等。同时，不同筹资渠道和方式的筹资费用也不同。因此，应掌握和研究资金市场情况和有关经济信息，选择最佳筹资渠道。

(二) 企业筹资渠道

筹集资金的渠道是指企业取得资金的来源。筹集资金的方式是指企业取得资金的具体形式。畜牧企业的资金来源渠道，主要有以下几种。

(1) 国家财政资金：主要是指国家对畜牧企业的投资，包括基地划款或贷款，畜牧事业单位事业费划款，各种补助性投资等。

(2) 银行信贷资金：银行贷款是畜牧企业筹资的主要来源之一，贷款项目有畜牧基本建设贷款、各种流动资金贷款、各种专用贷款等。

(3) 其他金融机构资金：主要是指各级政府主办的信托投资公司、租赁公司、保险公司等，还包括民间金融组织和信用社、合作基金会等机构向企业提供的资金。

(4) 其他企业投入资金：主要是指通过联营、入股、债权及各种商业信用等筹集资金。随着“公司＋农户”和横向经济联合的发展，企业之间、地区之间的资金联合和资金融通将会更加普遍。另外，外贸和销售部门通过预付定金、贴息贷款、赊销种苗、发放生产扶持金和周转金、实行补贴等形式，增加对畜牧企业的资金投入。

(5) 向企业员工和社会筹集资金：一些有条件的大型企业可通过上市，或独立发行股票、债券等方式将企业员工和社会居民手中的闲置资金筹集起来用于企业生产。

(6) 企业积累资金：可将各承包单位按合同向企业提供的积累资金，个人参加畜牧合作经济组织入股或合作入股资金，畜牧企业在生产经营过程中留归自己使用的利润转变为生产经营资金等。

(7) 利用外资：利用国外资金，如联合国货币基金组织、世界银行、亚洲开发银行等国际金融组织或个人提供的贷款援助项目，中外合资等。

三、资金的使用

通过筹资渠道向有关部门及个人筹集的资金称为借入资金。借入资金一般具有偿还性、期限性、付息性等特点。企业除了借之有度、还之有期外，对借入资金的使用应遵循以下原则。

(1) 统筹兼顾、突出重点的原则。对借入资金，既要优先考虑重点项目对资金的需要，又要顾及企业正常生产经营所需资金。

(2) 提高借入资金的使用效果。借入资金要按期归还，并支付利息，因而要将资金投放到见效快、收益大的生产经营项目，促进资金的增值。衡量指标有：单位投资畜产品产量或产值增长额，投资回收期限，投资期年收益率(平均每年新增利润额÷畜牧企业投资总额)，偿还借款能力[(平均每年新增利润额－利息)÷借款总额×100%]。

(3) 促进生产结构合理化原则。要根据畜产品市场需求及销售趋势来调整企业生产结构，使企业生产的产品适销对路、质优、效益好，加快资金周转和增值。

(4) 按期还本付息。企业要按期还本付息，这就要求企业的资金利润率必须高于利息率。

(5) 贯彻物质利益原则。一切投资活动都在于实现一定的物质利益。对所有投资者，都应保证他们从投资中得到合理的回报，激励其参加投资的积极性。

（6）灵活使用资金。对借入资金不能规定得太死，要看资金使用效果是否有利于还本付息。

任务四　设 备 管 理

畜牧企业的发展实践表明，用先进的机械逐步取代手工操作，实现畜牧生产机械化、自动化，是提高畜牧企业劳动生产效率的重要手段。所以，先进的畜牧生产设备设施对于加快企业现代化的进程，提高企业的经济效益具有重要作用。

一、设备与设备管理的含义

设备是可在生产中长期使用，并在反复使用中基本保持原有实物形态和功能的劳动资料和物质资料的总称。畜牧生产设备主要是指畜牧企业从事生产的工具。采用先进的生产设备是实现畜牧业现代化的一项主要内容。

设备管理是对设备寿命周期全过程的管理，包括选择设备、正确使用设备、维护修理设备以及更新改造设备全过程的管理工作。设备运动过程可分为两种状态，即设备的物资运动形态和资金运动形态。设备的物资运动形态，是指设备从研究、设计、制造或从选购进厂验收投入生产领域开始，经使用、维护、修理、更新、改造直至报废退出生产领域的全过程，对这个过程的管理称为设备的技术管理；设备的资金运动形态，包括设备的最初投资、运行费用、折旧收益等，对这个过程的管理称为设备的经济管理。设备管理，既包括设备的技术管理，又包括设备的经济管理，设备的技术管理与经济管理是有机联系、相互统一的。

二、设备的分类与提高其使用效率的途径

（一）设备分类

畜牧业机械设备按其作业性质可分为以下几类。

（1）草原机械。它包括草原建设、牧草种植和收获等方面的机械，主要指割草、搂草、翻草、集垛、压捆、干燥、运输以及调制加工优质干草粉等机械。

（2）饲料加工机械，即生产配合料的饲料工业机械设备。

（3）动物饲养机械，即养猪、养鸡、养牛、养兔、养貂等的机械设备。

（4）动物性产品加工机械，如乳品系列加工、屠宰加工、罐头加工等设备。

（5）运行控制及其他设备，如环境控制、生产运行监控及叉车、汽车等设备。

（二）提高设备使用效率的途径

要使畜牧场机械设备充分发挥生产效能，应使机械设备在使用过程中达到“高效”“优质”“低耗”和“安全”4项指标。高效的主要衡量指标为机组的生产率，即一个机组在单位时间内所完成的工作量。优质的主要衡量指标为机组在工作中对企业技术要求满足的程度。低耗的主要衡量指标为机组完成单位工作量的耗油量、劳动消耗量和成本。安全的主要衡量指标为机械安全运行的时间或工作量，也包括机组在工作中人身和机具的安全。机械设备达到“高

效”,有下面两个途径。

(1) 提高工作班生产率。工作班生产率即作业机组在一个工作班的时间内完成的工作量。影响工作班生产率的因素有班内纯工作时间和纯工作时间内单位时间完成的工作量。

(2) 增加年工作班次数。提高畜牧业设备的使用效率,还须努力增加年工作班次数。其可以采取的方法:搞好机具设备的综合利用,开展地区间、企业间大型机具设备的协作,大力提高技术水平,进行双班作业等。

(三) 畜牧生产设备的合理使用

所谓合理使用生产设备,不断提高畜牧生产的经济效益,是指在使用机器进行畜牧业生产的同时,要尽可能利用机器设备开辟新的生产门路和服务门路,使节省下来的劳动力能迅速转移到新的部门去。这就是说,合理使用机器,要把提高劳动生产率与提高劳动效率结合起来,结合的关键在于充分利用机器设备向生产、流通的深度和广度进军。

三、设备的维修与更新

(一) 设备的维修

为了使机器设备在使用期内经常保持良好的使用状态,防止出现故障、事故和早期损坏,企业应根据设备的特点和使用说明书,合理安排生产任务,同时应为正确地使用、维护机器设备制订一系列的规章制度。

机械设备的维修工作包括以下内容。

(1) 机器交换。购买和接受新的、修理后的机器或机器调动时,应办理交换手续,并进行检查和登记。

(2) 日常管理。对畜牧生产设备要建立技术档案,加强日常管理。

(3) 试运转。新购入的、修理后及更换零部件后的机器,在正式作业前,都应该按规定进行试运转。

(4) 技术保养。应定期对机器设备各部位进行系统的检查、清洗、润滑、紧固、调整以及更换某些易损零件。

(5) 机械的正确使用操作。机械的正确使用操作是高效、优质、低耗、安全地完成作业任务的最重要条件。机械使用人员应经过培训,严格按说明书规定执行操作规程。

(6) 机械设备的保管。相当数量的畜牧业机械由于季节性投入生产作业,每年工作时间较短,而停放保管的时间较长,如草原机械、青贮机械等,需要妥善放置,精心保管,降低其自然腐化程度。

(7) 机械设备的技术诊断与修理。使用过程中机器的技术状态是逐渐磨损老化的,根据机器在实际工作中表现出的“症状”及时进行检查诊断,尽快排除故障,减少不必要的拆卸,是搞好设备科学管理的重要内容。另外,还应做好机械技术管理工作中的每个重要环节,如油料管理和机件与材料的供应工作。

(二) 设备的更新

设备经维修后确认已无法使用,或维修费用过大,大到机械设备的使用收益无法补偿维修费的程度，需购置新型机械设备，称之为设备更新。

畜牧业机械设备更新必须以能够取得较大收益为原则。所谓较大收益，具体说来，是指在用机器代替人力、畜力、手工工具和旧设备后，所带来的收益（P）增加必须大于由此所引起的作业费用（V）的增加，即 $P>V$。“$P>V$”也不等于说所大出的任何一个数值，都是令人满意的。一般地说，应该要求：“$P>V$”的数值必须等于或大于从事其他项目投资所能取得的收益，如果更新或重置费来自贷款，那么还应加上应付的利息。因此，为了取得较大的收益，在设备更新的过程中要慎重地进行选择，必须注意有先有后，有重点地进行。

正确地选择畜牧业机械设备，应在深入调查研究的基础上，进行技术经济论证，一般可以从与畜牧企业生产工作的适应性、技术先进性及经济合理性 3 个方面论证，权衡利弊。所谓适应性是指机器设备的技术性能与畜牧生产技术要求及自然环境条件都是适应的，并能促进畜禽和饲料增产增收。衡量技术先进性要从我国国情出发，不能单从系列化、通用化、配套性、协调性来衡量技术先进性，既要看到作业性能、机械化程度，还要看节材、节能等情况。经济合理性要从提高劳动生产率、保障增产增收、减少投资、节约劳畜力和经济承受力等方面进行论证。综合分析上述三方面的利弊情况，提出评价意见，作为领导决策的参考依据。

项目小结

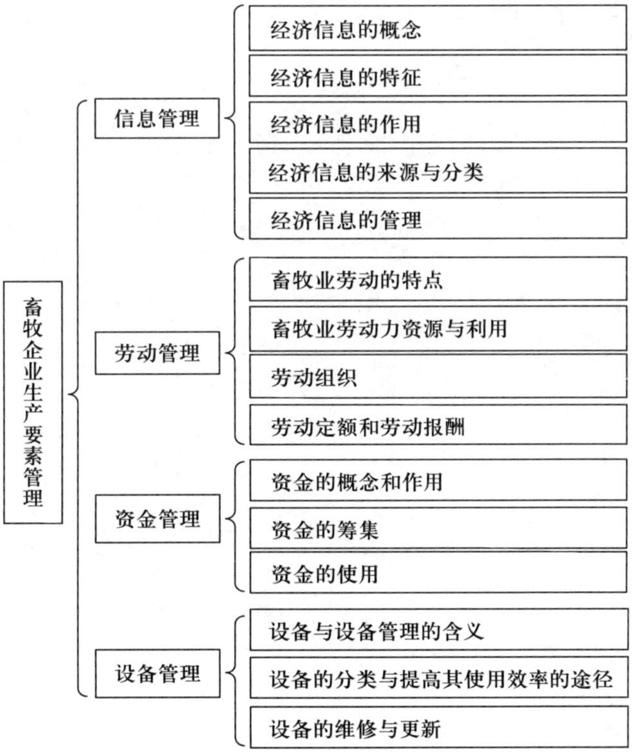

复习思考题

1. 经济信息在畜牧业经营管理中有哪些作用？

2. 畜牧业劳动有哪些特点？
3. 提高畜牧业劳动生产率的方法有哪些？
4. 为了提高畜牧企业劳动者的积极性，激励应注意哪些技巧？
5. 畜牧企业建立劳动组织应该遵循哪些原则？
6. 我国畜牧企业现行的劳动计酬形式有哪些？
7. 企业筹资的原则有哪些？
8. 畜牧企业机械设备更新的原则是什么？

项目六

经济核算与经营效果分析

【知识目标】1. 了解资产的分类和特点。
2. 掌握畜牧企业资产、成本、盈利核算的方法。
3. 掌握畜牧企业经营效果分析的方法和内容。

【职业能力】1. 能对畜牧企业进行畜产品成本分析。
2. 能运用经营效果分析的方法分析、评价畜牧企业的经营效果。

【素质目标】形成经常分析、善于分析的理念。

任务一 资产核算

资产是由企业拥有或者控制的能以货币计量的经济资源，包括各种资产债券和其他权利，是企业从事生产经营活动的物质基础。畜牧企业的资产通常分为固定资产、流动资产、生物资产、无形资产和其他资产。

一、固定资产核算

（一）固定资产的概念和特点

固定资产是指使用年限超过一年的为生产商品、提供劳务、出租或经营管理而持有的有形资产。从这个定义可以看出，固定资产应具备以下两个特点。

（1）企业持有固定资产的目的是为了生产商品、提供劳务、出租或经营管理的需要，而不是像商品一样为了对外出售。这一特征是固定资产区别于商品等流动资产的重要标志。

（2）企业使用固定资产的期限较长，其使用年限一般超过一年，这一特征表明企业固定资产的收益期超过一年，能在一年以上的时间里为企业创造经济利益。

（二）固定资产的分类

为了加强固定资产的管理，有必要对其进行科学、合理的分类。根据管理的需要，可以对固定资产进行不同的分类，主要有以下几种分类方法。

(1) 按经济用途分类，固定资产可以分为：①生产经营用固定资产，是指直接服务于企业生产、经营过程的各种固定资产，如畜禽舍、种用家畜、生产设备、机器和工具等。②非生产经营用固定资产，是指不直接服务于生产、经营过程的各种固定资产，如职工宿舍、职工活动中心、企业自办的幼儿园等。

按照固定资产的经济用途分类，可以反映和监督企业生产经营用固定资产和非生产经营用固定资产之间，以及生产经营用各类固定资产之间的组成和变化情况，借以考核和分析企业固定资产的利用情况，促使企业合理分配固定资产，充分发挥其效用。

(2) 按使用情况分类，固定资产可以分为：①使用中固定资产，是指生产或非生产经营过程中正在使用的固定资产。②不需用固定资产，是指不适合企业需要，等待处理的固定资产。③未使用固定资产，是指备用、停用及正在改建、扩建的固定资产。④租出固定资产，是指经营租赁方式下出租给外单位使用的固定资产。⑤融资租入固定资产，是指企业以融资租赁方式租入的固定资产，在租赁期内，应视同自有固定资产进行管理。

(三) 固定资产的折旧

1. 固定资产折旧的概念

固定资产的折旧是指随着固定资产的使用而逐渐转移到企业经营成本或费用中去的那部分固定资产价值。企业必须在固定资产的有效使用期内，按规定按期计提一定数额的折旧，以便把使用中固定资产的成本均匀合理地分配于各个受益期。企业计提的固定资产折旧和固定资产的维修基金都计入成本、费用，不得冲减企业资本金，也不另设折旧基金和修理基金。

2. 固定资产折旧的计算方法

固定资产折旧的计算方法包括年限平均法、工作量法、双倍余额递减法和年数总和法等。

(1) 年限平均法又称直线法，是按固定资产的原价、预计净残值率和预计使用年限平均计算折旧的一种方法，计算公式如下：

$$年折旧率=\frac{1-预计净残值率}{预计使用年限(年)}\times 100\%$$

$$月折旧率=\frac{年折旧率}{12}$$

$$月折旧额=固定资产原价\times 月折旧率$$

【例 6-1】 某畜牧企业有一幢厂房，原价为 4 000 000 元，预计可使用 20 年，预计报废时的净残值率为 4%，试计算该厂房的年折旧率、月折旧率和月折旧额。

$$年折旧率=\frac{1-4\%}{20}\times 100\%=4.8\%$$

$$月折旧率=\frac{4.8\%}{12}=0.4\%$$

$$月折旧额=4\ 000\ 000\times 0.4\%=16\ 000(元)$$

此方法的特点是将固定资产的应计折旧额均衡地分摊到固定资产预计使用年限内，采用这种方法计算的每期折旧额是相等的。

(2) 工作量法是按固定资产原价、预计净残值率和预计总工作量，计算出单位工作量折旧额，然后再按实际工作量计算折旧额的一种方法，计算公式如下：

$$单位工作量折旧额 \approx \frac{固定资产原价 \times (1-预计净残值率)}{预计总工作量}$$

$$某固定资产月折旧额 = 该项固定资产当月工作量 \times 单位工作量折旧额$$

【例 6-2】 某畜牧企业的一辆运货卡车的原价为 100 000 元，预计总行驶里程为 500 000 km，预计报废时的净残值率为 5%，本月行驶 5 000 km，试计算该辆汽车的本月折旧额。

$$单位里程折旧额 \approx \frac{100\ 000 \times (1-5\%)}{500\ 000} = 0.19(元/\text{km})$$

$$本月折旧额 = 5\ 000 \times 0.19 = 950(元)$$

此方法适用于运输工具的计提折旧。

(3) 双倍余额递减法是一种加速折旧法，是指在不考虑固定资产预计净残值的情况下，根据每期期初固定资产原价减去累计折旧后的金额和双倍的年限平均法(直线法)折旧率计算固定资产折旧的一种方法，计算公式为：

$$年折旧率 = \frac{2}{预计使用年限} \times 100\%$$

$$月折旧率 = \frac{年折旧率}{12}$$

$$月折旧额 = 固定资产账面净值 \times 月折旧率$$

采用双倍余额递减法计提固定资产折旧，一般应在固定资产使用年限到期前两年内，将固定资产账面净值扣除预计净残值后进行平均摊销。

【例 6-3】 某种鸡场一套智能孵化设备价值 120 000 元，预计使用 5 年，预计净残值为 5 000 元，试用双倍余额递减法计算每年应提的折旧额。

$$年折旧率 = \frac{2}{5} \times 100\% = 40\%$$

第 1 年应提的折旧额 $= 120\ 000 \times 40\% = 48\ 000$(元)

第 2 年应提的折旧额 $= (120\ 000 - 48\ 000) \times 40\% = 72\ 000 \times 40\% = 28\ 800$(元)

第 3 年应提的折旧额 $= (120\ 000 - 76\ 800) \times 40\% = 43\ 200 \times 40\% = 17\ 280$(元)

从第 4 年起改用年限平均法(直线法)计提折旧。

第 4 年、第 5 年的年折旧额 $= [(120\ 000 - 94\ 080) - 5\ 000] \div 2 = 10\ 460$(元)

(4) 年数总和法是将固定资产原价减去预计净残值额乘以一个逐年递减的年折旧率。这个折旧率的分子(预计使用年限－已使用年限)代表固定资产尚可使用的年数，分母[预计使用年限×(预计使用年限＋1)÷2]代表使用年数的逐年数字总和，计算公式如下：

$$年折旧率 = \frac{预计使用年限 - 已使用年限}{预计使用年限 \times (预计使用年限+1) \div 2} \times 100\%$$

$$年折旧额 = (固定资产原价 - 预计净残值) \times 年折旧率$$

【例 6-4】 某畜牧企业一项固定资产的原价为 100 000 元，预计使用年限为 5 年，预计净残值为 4 000 元，试采用年数总和法计算每年折旧额。

$$第 1 年折旧率 = \frac{5-0}{5 \times (5+1) \div 2} \times 100\% = \frac{5}{15} \times 100\% \approx 33.33\%$$

$$第 1 年折旧额 = (100\ 000 - 4\ 000) \times \frac{5}{15} = 32\ 000(元)$$

$$第2年折旧率=\frac{5-1}{5\times(5+1)\div 2}\times 100\%=\frac{4}{15}\times 100\%\approx 26.67\%$$

$$第2年折旧额=(100\,000-4\,000)\times\frac{4}{15}=25\,600(元)$$

以此类推，计算的各年折旧率和折旧额如表 6-1 所示。

表 6-1　各年折旧率和折旧额

使用年限/年	尚可使用年限/年	原价－净残值/元	各年折旧率	年折旧额/元	累计折旧额/元
1	5	96 000	5/15	32 000	32 000
2	4	96 000	4/15	25 600	57 600
3	3	96 000	3/15	19 200	76 800
4	2	96 000	2/15	12 800	89 600
5	1	96 000	1/15	6 400	96 000

（四）固定资产后续支出核算

固定资产的后续支出是指固定资产在使用过程中发生的更新改造支出、修理费用等。企业的固定资产由于在使用过程中各个组成部分耐用程度不同或使用条件不同，因而往往发生固定资产的局部损坏。为了保持固定资产的正常运转和使用，使固定资产处于良好的状态、保持其生产能力，就必须对其进行必要的后续支出。

固定资产的更新改造、修理等后续支出，满足固定资产确认条件的，应当计入固定资产成本，如有被替换的部分，应同时将被替换部分的账面价值从该固定资产原账面价值中扣除；不满足固定资产确认条件的固定资产修理费用等，应作为费用支出，计入当期管理费用。

（五）固定资产的管理

1. 分析固定资产的使用效益

固定资产的特点，决定了必须进行固定资产使用的经济效益分析。

(1) 固定资产使用程度的分析。按固定资产使用的性质和作用分别从固定资产利用率和设备生产率方面进行分析。

①固定资产利用率是表现固定资产实际利用程度的指标，计算公式为：

$$固定资产利用率=\frac{企业使用中的全部固定资产原价}{企业拥有全部固定资产原价}\times 100\%$$

计算拖拉机、汽车等机器设备的利用率时，计算公式为：

$$固定资产利用率=\frac{某机器设备实际使用时数}{某机器设备计划利用时数}\times 100\%$$

上述两个公式从不同角度反映了固定资产的利用程度。前一个公式反映了固定资产在数量上的利用程度，后一个公式反映了固定资产在时间上的利用程度。

②设备生产率是反映固定资产实际达到的生产能力。通过这一指标可以评价企业设备能力的负荷程度、技术性能、生产效率及经营管理水平。

（2）全部固定资产综合利用效益的分析。上述两个指标只能反映固定资产的某一方面或某一部分的利用程度，为了反映固定资产的综合经济利益，还必须用以下指标来进行分析。

①固定资产产值率是指企业在一定时期内（一般按年计算）实现的总产值与固定资产平均原价的比例，也可以用百元固定资产提供的产值来表示。其计算公式为：

$$\text{固定资产产值率}=\frac{\text{全年总产值}}{\text{全年固定资产平均原价}}\times 100\%$$

$$\text{百元固定资产产值率}=\text{固定资产产值率}\times 100$$

固定资产产值率越大，固定资产的利用效果就越好；反之则越差。

②固定资产利润率是指企业一定时期（一般为年度）内所获得的利润总额与动用的固定资产平均原价的比例。其计算公式为：

$$\text{固定资产利润率}=\frac{\text{年利润总额}}{\text{全年固定资产平均原价}}\times 100\%$$

为了更加简明地反映固定资产的利用情况，还可用百元固定资产利润来表示。其计算公式为：

$$\text{百元固定资产利润}=\frac{\text{年利润总额}}{\text{全年固定资产平均原价}}\times 100$$

$$\text{百元固定资产利润}=\text{固定资产利润率}\times 100$$

固定资产利润率越高，固定资产利用效果越好。固定资产的利润率可以直接反映企业经营管理水平的高低。

2. 提高固定资产使用经济效益的途径

提高固定资产的使用效益，就是提高固定资产的生产能力，减少固定资产的占用额，以最少的固定资产生产出更多的畜禽产品。在折旧率一定的情况下，生产的产品越多，产品成本越低，盈利增加，经济效益随之提高；在产值、利润不变的情况下，固定资产的占用越少，则固定资产利用效果越好。提高固定资产使用经济效益的途径主要有以下几个方面。

（1）合理配置固定资产。在生产经营中根据轻重缓急，把资金用在经济效益最佳，生产又迫切需要的项目上。配置固定资产要和本企业的生产规模和财力相适应，在财力有限的情况下，应重在提高生产性固定资产的比例，降低非生产性固定资产的比例。

（2）合理调整固定资产，及时报废、变卖。对于失去使用价值的固定资产，应及时报废变卖，其变卖收入在扣除清理费后，留作更新改造资金使用。暂不使用的固定资产也可以出租，收取租金。

（3）加强固定资产的综合管理，提高固定资产的利用效果。在加强固定资产价值核算的同时，还要强化固定资产的实物管理，建立健全固定资产保管、使用制度。企业财务部门应与固定资产管理部门和使用部门相配合，严密组织固定资产的收发、保管工作，准确、及时、全面地反映各项固定资产的增减变化，定期进行盘点，以保证固定资产完整无缺；加强固定资产的维修保养，从而提高固定资产的完好率和利用率。

二、流动资产核算

（一）流动资产的概念及特点

流动资产是指可以在一个营业周期（多为一年内，个别的长于一年）内变现或者运用的资产。

它主要有 3 个特点:第一,占有形态具有变动性;第二,占用数量具有流动性;第三,循环与生产经营周期具有一致性。流动资产主要包括货币资产、交易性金融资产、应收及预付款和存货 4 项。

(二) 流动资产的核算

1. 货币资产

货币资产是指企业生产经营过程中处于货币形态的资产,包括库存现金、银行存款和其他货币资产。

(1) 库存现金是指通常存放于企业财会部门、由出纳人员掌管的货币,是企业流动性最强的资产,企业应当严格遵守国家有关现金管理制度,正确进行现金收支核算,监督现金使用的合法性和合理性。

根据国务院发布的《现金管理暂行条例》的规定,现金管理制度主要包括以下内容。

第一,现金的使用范围。企业可用现金支付的款项有:职工工资、津贴;个人劳务报酬;国家规定颁发给个人的科学技术、文化艺术、体育等各种奖金;各种劳保、福利费用以及国家规定的对个人的其他支出;向个人收购农副产品和其他物资的款项;出差人员必须随身携带的差旅费;结算起点以下的零星支出;中国人民银行确定要支付现金的其他支出。

第二,现金的限额。其是指为了保证企业日常零星开支的需要,允许单位留存现金的最高限额。这一限额由开户银行根据单位实际需要核定,一般按照单位 3～5 d 日常零星的需要确定,边远地区和交通不便地区开户单位的库存现金限额,可按多于 5 d 但不超过 15 d 的日常零星开支的需要确定。核定后的现金限额,开户单位必须严格遵守,超过部分应于当日终了前存入银行。需要增加或减少现金限额的单位,应向开户银行提出申请,由开户银行核定。

第三,现金收支的规定。开户单位收入现金应于当日送存开户银行,当日送存确有困难的,由开户银行确定送存时间;开户单位支付现金,可以从本单位库存现金中支付或从开户银行提取,不得从本单位的现金收支中直接支付,即不得“坐支”现金,因特殊情况需要“坐支”现金的单位,应事先报经有关部门审查批准,并在核定的范围和限额内进行,同时,收支的现金必须入账。开户单位从开户银行提取现金时,应如实写明提取现金的用途,由本单位财会部门负责人签字盖章,并经开户银行审查批准后予以支付。因采购地点不确定、交通不便、抢险救灾及其他特殊情况必须使用现金的单位,应向开户银行提出书面申请,由本单位财会部门负责人签字盖章,并经开户行审查批准后予以支付。此外,不准用不符合国家统一的会计制度的凭证顶替库存现金,即不得“白条顶库”;不准谎报用途套取现金;不准用银行账户代其他单位和个人存入或支取现金;不准用单位收入的现金以个人名义存入储蓄;不准保留账外公款,即不得“公款私存”,不得设置“小金库”等。银行对于违反上述规定的单位,将按照违规金额的一定比例予以处罚。

(2) 银行存款是指企业存入银行或其他金融机构的各种款项。企业应当根据业务需要,按照规定在其所在地银行开设账户,运用所开设的账户,进行存款、取款以及各种收支转账业务的结算。银行存款的收付严格执行银行结算制度的规定。

(3) 其他货币资产是指企业除库存现金、银行存款以外的各种货币资产,主要包括银行汇票存款、银行本票存款、信用卡存款、信用证保证金存款、存货投资款、外埠存款等,以实际资金数计价。

2. 交易性金融资产

交易性金融资产主要是指企业为了近期内出售而持有的金融资产,如股票、债券、基金等,主要核算交易性金融资产的取得、收取的现金股利或利息、处置，一般以购入时成本入账计价，它包括买价和经纪人佣金等。有价证券上市变现或转让，可能与账面成本有损益差额。

3．应收及预付款项

应收及预付款项是指企业在日常生产经营过程中发生的各种债权，包括应收款项和预付款项。应收款项包括应收票据、应收账款和其他应收款等。应收票据是指企业因销售商品、提供劳务等而收到的商业汇票。商业汇票是指一种由出票人签发的，委托付款人在指定日期无条件支付确定金额给收款人或者持票人的票据。应收账款是指企业因销售商品或提供劳务等经营活动，应向购货单位或接受劳务单位收取的账款，按买卖双方在成交时交换价格计算。预付款项是指企业因购买商品或劳务按照合同规定预付的款项，按实际付款数核算。

4．存货

存货是指企业在生产经营过程中为销售、生产或耗用而储存的各种材料或物料等，如各种原材料及辅助材料（饲料、兽药等）、低值易耗品、产成品以及包装物、委托代销商品等，一般以实际成本计算其价值。

（三）流动资产的管理

1．流动资产使用的经济效益分析

常用流动资产周转速度、流动资产平均占用额两个指标对流动资产使用的经济效益进行分析。

（1）流动资产周转速度，是指流动资产在一定时期内周转的快慢程度，是反映流动资产利用率的经济指标，一般采用以下 3 种指标来表示。

①流动资产周转次数是指流动资产在一定时期内完成周转的次数，计算公式为：

$$流动资产周转次数=\frac{计算期销售收入总额}{计算期流动资产平均占用额}$$

②流动资产周转天数是指流动资产每转一次所需要的天数，即周转周期，计算公式为：

$$\begin{aligned}流动资产周转天数&=\frac{计算期天数}{流动资产周转次数}\\&=\frac{计算期流动资产平均占用额\times 计算期天数}{计算期销售收入总额}\end{aligned}$$

在一定时期内，周转次数越多，周转天数（同转周期）越短，则流动资产周转速度越快，流动资产利用效果越好；反之，则越差。因此，应加快流动资产的周转速度，合理地使用流动资产。

③流动资产占用率是指在一定时期内完成单位金额周转所占用的流动资产。在我国，一般以销售收入总额（总值）作为流动资产周转数额，计算公式为：

$$流动资产占用率=\frac{计算期流动资产平均占用额}{计算期销售收入总额}\times 100\%$$

流动资产占用率越低，则流动资产运用效果越好；反之，则越差。

（2）流动资产平均占用额，即一定时期流动资产余额的平均数，计算公式为：

$$月度流动资产平均占用额=\frac{月初占用额+月末占用额}{2}$$

$$季度流动资产平均占用额=\frac{季度内月平均占用额之和}{3}$$

$$年度流动资产平均占用额=\frac{全年各月平均占用额之和}{12}$$

$$=\frac{各季度平均占用额之和}{4}$$

$$=\frac{1/2\times1月初占用额+2月至11月初占用额+1/2\times12月初占用额}{12}$$

2. 提高流动资产使用经济效益的途径

要提高流动资产的使用经济效益，就必须加速流动资产的周转，尽量缩短周转周期，减少流动资产的占用额。畜牧企业流动资产的周转受畜牧业生产的特点，企业的自然、经济条件，经营管理水平等影响和制约。一般来说，畜牧业生产周期长，有很大一部分资金长期处于产品的状态；有一部分是资产自用，经常占用大量的资产；流动资产陆续投入生产过程，产品一次收回出售，全年占用很不平衡。各个企业自然经济条件不同，经营畜禽的种类和产品不同，运输销售条件、多种经营发展水平、经营管理水平等不同，都影响流动资产的周转速度。因此，必须根据畜牧业生产的特点和各企业的具体情况，采用有效的措施，尽量减少流动资产的占用，提高周转速度，以节约流动资产，加速畜牧业经济的发展，具体途径如下。

(1) 采购阶段：实行计划定额管理。根据企业的生产规模和生产经营计划，确定采购计划，做到计划采购、合理储备，防止原材料和生产物资积压，减少损失。

(2) 生产阶段：积极采用先进的科学技术，改良和推广优良品种，改善生产条件，缩短生产周期，加快畜群周转，提高饲料利用率和劳动生产率。

(3) 销售阶段：树立市场和品牌意识，以市场为导向，以销定产。合理运用营销组合，及时组织畜禽产品销售，搞好售后服务，缩短产品的销售时间。

(4) 结算阶段：坚持“钱货两清”的原则，及时清理结算资金，把应收款、暂付款迅速收回，加快流动资产的回笼速度。

三、生物资产核算

(一) 生物资产的概念及分类

1. 概念

生物资产是指有生命的动物和植物。

2. 分类

生物资产分为消耗性生物资产、生产性生物资产和公益性生物资产。

消耗性生物资产是指为出售而持有的或在将来收获为农产品的生物资产，包括生长中的大田作物、蔬菜、用材林以及存栏待售的牲畜等。

生产性生物资产是指为产出农产品、提供劳务或出租等目的而持有的生物资产，包括经济林、薪炭林、产畜和役畜等。

公益性生物资产是指以防护、环境保护为主要目的的生物资产，包括防风固沙林、水土保持林和水源涵养林等。

（二）资产的特征

生物资产与企业其他资产不同。有生命的动物和植物具有生物转化的能力，通常表现为生长、蜕化、生产和繁殖等。生物资产的形态、价值以及产生经济利益的方式，随其出生、成长、衰老、死亡等自然规律和生产经营活动的变化而变化，企业从事生产经营的目的，就是增强生物资产的生物转化能力，最终获得更多的符合市场需要的产品。畜产品与生物资产密不可分，当其附在生物资产上时，构成生物资产的一部分；当其从生物资产上分离时，不再具有生命和生物转化能力，应当作为存货处理。例如，绵羊剪毛之前，羊毛存在于羊的体表，羊毛属于生物资产；剪毛之后，羊毛从羊身分离，此时的羊毛属于存货。

（三）生物资产的确认

生物资产同时满足下列条件的，才能予以确认：①企业因过去的交易或事项而拥有或控制该生物资产；②与该生物资产有关的经济利益或服务潜能很可能流入企业；③该生物资产的成本能够可靠地计量。

（四）生物资产的初始计量

生物资产应当按照成本进行初始计量。

（1）外购生物资产的成本，包括购买价款、相关税费、运输费、保险费以及可直接归属于购买该资产的其他支出。

（2）自行繁殖或养殖的消耗性生物资产的成本，应当按照下列规定确定：①自行繁殖的育肥畜的成本，包括出售前发生的饲料费、人工费和应分摊的间接费用等必要支出。②水产养殖的动物和植物的成本，包括在出售或入库前耗用的苗种、铜料、肥料等材料费、人工费和应分摊的间接费用等必要支出。

（3）自行繁殖的生产性生物资产的成本，应当按照下列规定确定：自行繁殖的产畜和役畜的成本，包括达到预定生产经营目的（成龄）前发生的饲料、人工费和应分摊的间接费用等必要支出。达到预定生产经营目的，是指生产性生物资产进入正常生产期，可以多年连续稳定产出农产品、提供劳务或出租。

（五）生物资产的折旧

企业对达到预定生产经营目的的生产性生物资产，应当按期计提折旧，并根据用途分别计入相关资产的成本或当期损益。企业应当根据生产性生物资产的性质、使用情况和有关经济利益的预期实现方式，合理确定其使用年限、预计净残值率和折旧方法，可选用的折旧方法包括年限平均法、工作量法等。企业至少应当于每年年底对生产性生物资产的使用年限、预计净残值率和折旧方法进行复核。生产性生物资产的使用年限、预计净残值率和折旧方法一经确定，不得随意变更。

四、无形资产核算

（一）无形资产的概念及特征

无形资产是指企业拥有或者控制的没有实物形态的可辨认非货币性资产，主要包括专利权、非专利技术、商标权、著作权、土地使用权、特许经营权等。无形资产具有以下特征:①不具有实物形态。无形资产无实体性,它不像固定资产、生物资产、存货等有形资产具有实物形体。②具有可辨认性。③属于非货币性长期资产。无形资产是非货币性资产,使用年限在一年以上。

(二) 无形资产的计价

无形资产一般采用以下 4 种方法计价:①投资无形资产,按评估或合同约定金额确定。②购入的无形资产,按实际支付价款计价。③自行开发申请取得的无形资产,按开发实际支付的费用计价。④接受捐赠的无形资产,按发票账单或同类无形资产计价。

无形资产从使用之日起,其产生的成本应当在使用年限内采用合理的推销方法将其摊销价值计入相关的成本费用。

五、其他资产核算

其他资产是指流动资产、固定资产、生物资产、无形资产以外的资产,如长期待摊销费用等。长期待摊费用是指企业已经发生的,应由本期和以后各期负担的,分摊期限在一年以上的各项费用,如开办费、租入固定资产的改良支出、摊销期一年以上的固定资产大修理支出等。长期待摊费在其摊销期内计入有关成本费用。

任务二　成 本 核 算

一、畜产品成本与成本核算的概念

1. 畜产品成本

畜产品成本是指畜牧企业为生产畜产品而发生的各项直接费用和间接费用之和。

直接费用包括固定资产折旧费、产畜摊销费、工资和福利费、饲料费、畜禽医药费、燃料及动力费、固定资产修理费、低值易耗品、其他直接费用;间接费用包括经营管理人员的工资、福利费,生产经营中的折旧费、修理费、低值易耗品摊销,经营中的水电费、办公费、差旅费、运输费、劳动保险费、检验费,季节性、修理期间的停工损失,土地开发费摊销,其他间接费用。

2. 成本核算

成本核算是指对企业原材料供应过程、生产过程和销售过程中各项费用支出和实际成本形成所进行的会计核算。畜牧企业成本核算主要是畜产品成本核算,其内容包括审查发生的费用是否符合成本开支范围,记录各种发生的费用,计算各种产品的成本,进行成本分析。

二、成本核算的作用

(1) 成本核算有利于提高企业的经营管理水平。通过畜产品的成本核算,可以查明其产品成本降低或提高的原因,促进企业改善经营管理和改进生产技术措施,合理利用人力、物力和财力,以较少的物质及劳动消耗取得较多畜产品,实现增产增收和增加盈利。

(2) 成本核算是进行畜牧业生产合理布局、采用先进生产技术的重要依据。首先,国家在确定畜牧业生产的地域分布时,应尽量先把某一种产品的生产安排在成本低,畜禽个体产量高、质量好的地区和企业中。这样,既提高了各地区和企业的经济效果,又提高了整个畜牧业经济部门的效果。其次,国家在调查研究的基础上,应对各地区和企业的生产经营活动进行总结和分析,推广先进的生产经营技术。

(3) 成本核算有利于增强产品的竞争能力。产品的质量、价格、市场需要等都是企业产品在市场上竞争能力的影响因素。企业在提高产品质量的同时,合理定价,降低产品的成本,可增强产品的市场竞争能力。

(4) 成本核算为企业进行经营决策提供依据。通过成本核算,企业可以知道哪些畜产品的成本最低,经济效益最好。这样,企业在进行经营决策时,就会把企业的主要精力集中到成本最低的畜产品生产中去,从而使企业获得最佳的经济效益。

三、成本核算的项目

成本核算的项目见图 6-1。

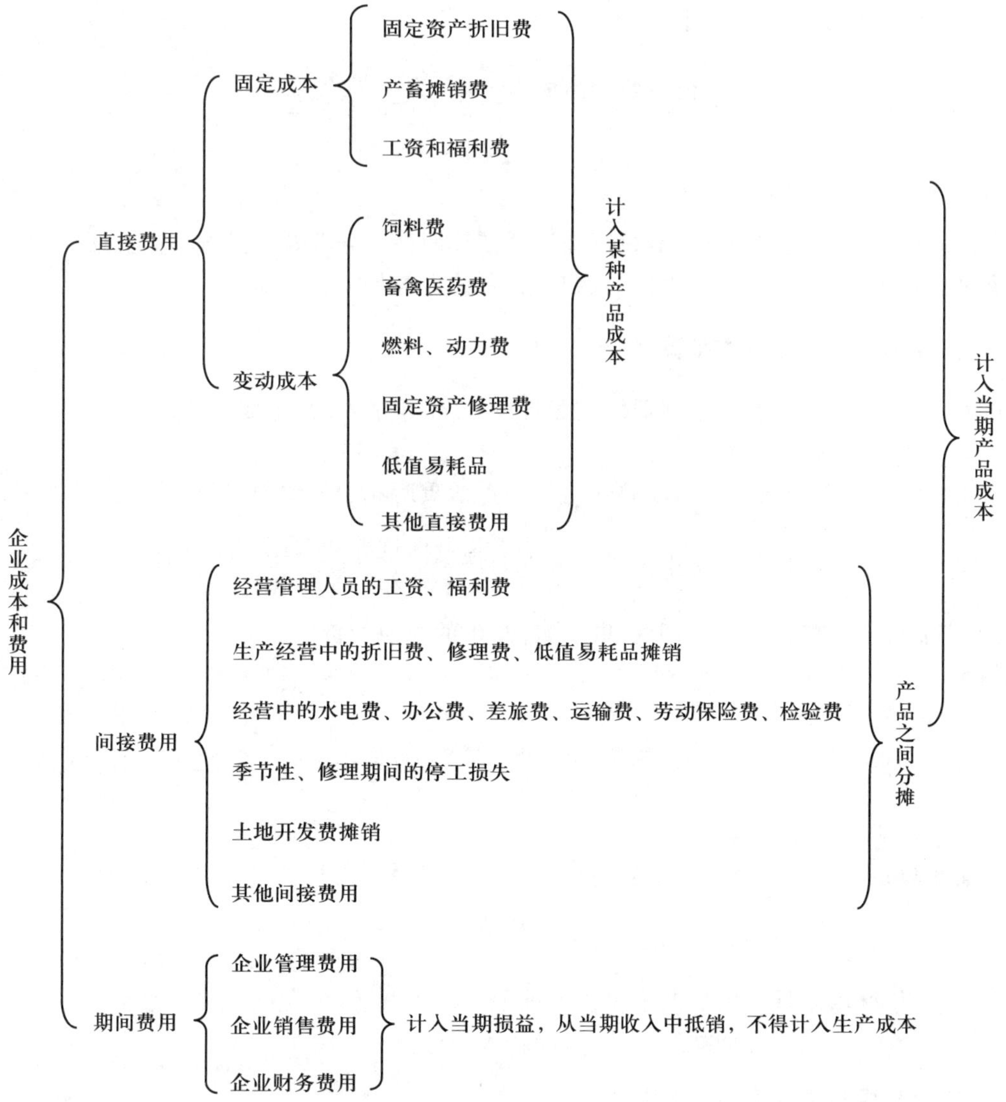

图 6-1　成本核算的项目

四、成本核算的程序

(1) 确定成本核算对象。

(2) 归集费用。

(3) 分摊间接费用,一般可按如下标准和方法进行分摊:按直接生产人员分摊、按生产人员工资分摊、按直接材料成本分摊、按直接成本分摊、按产品产量分摊。

(4) 计算总成本,即直接费用和间接费用的总和。

(5) 计算主要产品成本:

$$\text{主要产品成本}=\text{总成本}-\text{次要产品成本}$$

$$\text{次要产品成本}=\text{总成本}\times\frac{\text{次要产品收入}}{\text{主要产品收入}+\text{次要产品收入}}$$

(6) 计算单位主要产品成本:

$$\text{单位主要产品成本}=\frac{\text{主要产品成本}}{\text{主要产品总产量}}$$

五、成本核算的方法

畜产品成本核算的方法有分群核算和混群核算两种。分群核算是按不同群体作为成本计算对象进行核算,以养猪、养牛、养禽为例介绍,具体内容如下。

(一) 养猪业的产品成本核算

在养猪生产中,一般要计算猪群的饲养日成本、增重成本、活重成本等。

1. 断奶仔猪活重单位成本

断奶仔猪活重单位成本表示断奶仔猪每千克活重所花费的饲养费用,计算公式如下:

$$\text{断奶仔猪活重单位成本}=\frac{\text{基本猪群的饲养费}-\text{副产品价值}}{\text{断奶仔猪活重}}$$

式中:副产品价值一般是指哺乳期内基本猪群产生的粪便的价值。

【例 6-5】 某养猪场基本猪群全年饲养费用为 10 750 元,副产品价值为 1 000 元,全年产断奶仔猪 200 头,活重 3 000 kg,试计算断奶仔猪活重单位成本。

$$\text{断奶仔猪活重单位成本}=\frac{\text{基本猪群的饲养费}-\text{副产品价值}}{\text{断奶仔猪活重}}=\frac{10\ 750-1\ 000}{3\ 000}=3.25(\text{元/kg})$$

2. 育肥猪增重单位成本

育肥猪增重单位成本表示育肥猪每千克增重所消耗的饲料费用,计算公式如下:

$$\text{育肥猪增重单位成本}=\frac{\text{猪群饲养费用}-\text{副产品价值}}{\text{猪群增重量}}$$

$$\text{猪群增重量}=\text{猪群期末存栏活重}+\text{本期离群活重(包括死猪重量)}-\text{期初结转、购入和转入的活重}$$

3. 幼猪及育肥猪活重单位成本

它表示幼猪及育肥猪每千克活重所耗费的饲养费用,计算公式如下:

$$幼猪及育肥猪活重单位成本=\frac{期初活重总成本+本期增重总成本+转入总成本-死猪残值}{期末存栏活重+期内离群活重}$$

4. 猪群饲养日成本

猪群饲养日成本主要表明猪场在饲养期内，平均每天每头猪支出的饲养费。这一指标对猪场的经济核算十分重要。其计算公式如下：

$$猪群饲养日成本=\frac{该猪群饲养费用}{该猪群饲养头日数}$$

猪群饲养头日数是指累计的日饲养头数，一头猪饲养一天为一个饲养头日数。将该猪群每天存栏头数相加即可得出猪群饲养头日数。

（二）养牛业的产品成本核算

养牛业包括养奶牛和养肉牛，在养牛生产中主要计算奶牛的产品成本和育成或育肥群成本。

1. 奶牛产品成本计算

基本牛群的主产品是牛奶和繁殖的牛犊，副产品是厩肥和脱落的牛毛。基本牛群的全部饲养费用减去副产品价值，即为主产品成本。由于基本牛群的主产品有牛奶和牛犊两种，因此需要把主产品的全部成本在两种主产品之间进行分配。计算时一般将一头牛犊折合为100 kg牛奶。其计算公式如下：

$$牛奶单位(kg)成本=\frac{基本牛群饲养费用-副产品价值}{全年牛奶总产量+全年产牛犊头数\times 100}$$

$$每头牛犊成本=100\times 牛奶单位(kg)成本$$

$$牛奶总成本=牛奶总产量\times 牛奶单位(kg)成本$$

$$牛犊总成本=每头牛犊成本\times 全年产牛犊头数$$

【例 6-6】 某养牛场奶牛的全年饲养费用为 501 500 元，厩肥价值为 500 元，全年产出牛奶 1 000 000 kg、牛犊 100 头，试计算主要产品的单位成本及总成本。

$$每千克牛奶成本=\frac{501\ 500-500}{1\ 000\ 000+100\times 100}\approx 0.5(元/kg)$$

$$每头牛犊成本=100\times 0.5=50(元/头)$$

$$牛奶总成本=1\ 000\ 000\times 0.5=500\ 000(元)$$

$$牛犊总成本=50\times 100=5\ 000(元)$$

2. 育成或育肥群成本计算

它们的主要产品是增重量，计算公式如下：

$$该群增重量=该群期末存栏活重+本期内离开该群的活重(包括死亡牛体重)-期初结转及期内购入、转入的牛活重$$

$$育成或育肥牛每增重 1\ kg 的成本=\frac{该群的饲养费用(包括死亡牛的费用)-副产品价值}{该群增重量}$$

（三）养禽业的产品成本核算

养禽业包括养鸡、养鸭、养鹅等。进行养禽业的生产成本核算时，应按家禽类别分别核算各类和各群家禽的主产品成本。

1. 基本禽群的成本计算

基本禽群的主产品是禽蛋，副产品是羽毛等，所以基本禽群的成本计算主要计算禽蛋单位成本，计算公式如下：

$$禽蛋单位成本=\frac{基本禽群饲养费用-副产品价值}{禽蛋总产量}$$

2. 幼禽和育肥禽的成本计算

幼禽和育肥禽的主产品是增重，副产品是育肥禽所产的蛋、羽毛及禽类等，所以幼禽和育肥禽的成本计算主要计算增重单位成本，即从幼禽和育肥禽的全部饲养费用中减去副产品价值后，再除以增重量。但由于幼禽和育肥禽数量大，增重称量比较麻烦，为了简化手续，一般只计算每只幼禽和育肥禽的成本，计算公式如下：

$$每只幼禽或育肥禽的成本=\frac{\begin{array}{c}该禽群期初全部价值+购入和转入的价值+\\本期饲养费用-副产品价值\end{array}}{期末存栏只数+期内离群只数(不包括死禽)}$$

3. 人工孵化成本计算

人工孵化生产过程是从种蛋入孵至雏禽孵出一昼夜为止，其主要产品是孵出成活 24 h 的雏禽，副产品是废蛋，所以人工孵化成本主要计算每只雏禽的成本，计算公式如下：

$$每只雏禽成本=\frac{全部孵化费用-副产品价值}{孵出成活\ 24\ h\ 的雏禽数量}$$

养禽业也需要计算饲养日成本，其计算方法与养猪业相同。

有些畜牧企业由于不具备分群核算的条件，因而对畜禽采取分群饲养、混群核算的方法计算产品成本。混群核算的成本计算公式如下：

$$\begin{aligned}某类畜禽的生产成本=&期内饲养费用+期内购入的畜禽的价值+\\&期初存栏价值-期末存栏价值\end{aligned}$$

$$某类畜禽的主要产品单位(kg)成本=\frac{某类畜禽的生产总成本-副产品价值}{某类畜禽主产品总产量}$$

六、降低畜产品成本的主要途径

降低畜产品成本不外乎增产增收和节约两个方面，主要途径如下。

(1) 提高畜产品质量。畜牧企业必须始终注重提高畜产品的质量，以质量占领市场，扩大市场销售份额，通过增加销售带动生产，从而降低单位畜产品的生产成本。

(2) 实行科学饲养。采用先进的科学技术和设备，不断培育和引进优良种畜和种禽，提高畜禽个体产品率、饲料转化率和劳动生产率。同时，科学地预防畜禽疾病，降低畜禽的死亡率。

(3) 调动劳动者的积极性。节约活化劳动消耗、防止无效劳动是降低畜产品成本的重要途径。

(4) 提高资金的使用效率。通过提高固定资产的利用率，加速流动资产的周转，降低资金的使用成本，进而降低畜产品成本。

(5) 严格控制非生产性开支。畜牧企业应根据生产规模实行定额管理，精减管理人员，节约非生产性开支。

【例 6-7】养猪场生产成本的核算

某养猪场年初存栏母猪 140 头，公猪 7 头，全年生产断奶仔猪 2 160 头，活重 43 200 kg，断奶仔猪猪粪收入 5 000 元。年初存栏育肥猪 750 头，活重 36 000 kg，成本 324 000 元，全年转入育肥猪 2 160 头，活重 43 200 kg。全年销售育肥猪 2 600 头，活重 234 000 kg，全年育肥猪猪粪收入 19 500 元。全年死亡育肥猪 5 头，体重 200 kg，残值 2 000 元。年末存栏育肥猪 310 头，活重 17 800 kg。

该养猪场断奶仔猪成本和育肥猪成本核算的方法如下。

(1) 确定成本核算对象：该养猪场断奶仔猪和育肥猪。

(2) 归集费用：按核算对象(断仔猪和育肥猪)和项目，归集所有费用(表 6-2)。

表 6-2　某养猪场全年生产成本与费用统计表　　万元

成本与费用	费用内容	断奶仔猪	育肥猪	合计
直接费用	固定资产折旧费	3.6	6.0	9.6
	产畜摊销费	10.0	17.0	27.0
	工资和福利费	2.4	9.6	12.0
	饲料费	16.0	90.0	106.0
	畜禽医药费	0.8	0.4	1.2
	燃料、动力费	1.8	0.6	2.4
	固定资产修理费	0.4	0.6	1.0
	低值易耗品	0.1	0.2	0.3
	其他直接费用	0.1	0.4	0.5
直接费用小计		35.2	124.8	160.0
间接费用	经营管理人员的工资、福利费	4.4	15.6	20.0
	生产经营中的折旧费、修理费、低值易耗品摊销			
	经营管理中的水电费、办公费、差旅费、运输费、劳动保险费、检验费			
	季节性、修理期间的停工损失			
	土地开发费摊销			
	其他简介费用			
总计		39.6	140.4	180.0

(3) 分摊间接费用。选择直接费用分摊的方法对间接费用进行分摊：

$$断奶仔猪间接费用分摊额=\frac{断奶仔猪直接费}{直接费用总额}\times 间接费用总额=\frac{35.2}{160}\times 20=4.4(万元)$$

(4) 计算总成本：

$$断奶仔猪总成本=35.2+4.4=39.6(万元)$$

$$育肥猪总成本=124.8+15.6=140.4(万元)$$

(5) 断奶仔猪活重单位成本：表示断奶仔猪每千克活重所花费的饲养费用。

$$断奶仔猪活重单位成本=\frac{断奶仔猪总成本-猪粪收入}{断奶仔猪活重}=\frac{396\ 000-5\ 000}{43\ 200}=9.05(元/kg)$$

(6) 育肥猪增重单位成本：表示在育肥期猪每千克增重所耗的饲养费用。

育肥猪增重总成本＝育肥猪总成本－猪粪收入＝1 404 000－19 500＝1 384 500(元)

育肥猪总增重＝年末存栏育肥猪活重＋全年销售育肥猪活重＋全年死猪重量－全年转入育肥猪活重－年初存栏育肥猪活重

＝17 800＋234 000＋200－43 200－36 000＝172 800(kg)

$$育肥猪增重单位成本=\frac{育肥猪增重总成本}{育肥猪总增重}=\frac{1\ 384\ 500}{172\ 800}\approx 8.01(元/kg)$$

(7) 育肥猪活重单位成本：对于生产育肥猪的养猪场来说，这是一个衡量饲养管理水平高低的重要指标。

育肥猪活重总成本＝年初成本＋转入成本＋增重成本－死猪残值

＝324 000＋(396 000－5 000)＋(1 404 000－19 500)－2 000

＝2 097 500(元)

育肥猪活重＝年末存栏育肥猪活重＋全年销售育肥猪活重＝17 800＋234 000＝251 800(kg)

$$育肥猪活重单位成本=\frac{育肥猪活重总成本}{育肥猪活重}=\frac{2\ 097\ 500}{251\ 800}\approx 8.33(元/kg)$$

任务三 盈利核算

盈利核算是企业对盈利进行观察、计算、记录、计量、分析和比较等工作的总称。

一、盈利核算的内容

盈利的多少是企业经营管理水平的具体体现，所以每一个畜牧企业都要进行盈利核算，而且尽量使企业多获得盈利。盈利是销售产品价值减去销售成本以后的余额，又称利润额，包括利润和税金两个部分。

(一) 利润

1. 利润的概念

利润是企业在一定期间的经营成果，是企业的收入减去有关成本与费用后的差额。收入大于成本与费用，企业盈利；收入小于成本与费用，则企业亏损。利润是企业生产经营活动效率和效益的最终体现。

企业的利润额包括营业利润、营业外收支净额两大部分，计算公式为：

利润总额＝营业利润＋营业外收入－营业外支出

2. 营业利润

营业利润是畜牧企业从事经营业务活动所取得的净收益，计算公式为：

营业利润＝营业收入－营业成本－营业税金及附加－销售费用－管理费用－财务费用－资产减值损失＋公允价值变动收益(－公允价值变动损失)＋投资收益(－投资损失)

其中，营业收入是指企业经营业务所取得的收入总额，包括主营业务收入和其他业务收入。对于畜牧企业来说，主营业务收入是产品销售收入。

营业成本是指企业经营业务所发生的实际成本总额，包括主营业务成本和其他业务成本。对于畜牧企业来说，主营业务成本是产品销售成本。

资产减值损失是指企业计提各项资产减值准备所形成的损失。

公允价值变动收益(或损失)是指企业以各种交易性金融资产等公允价值变动形成的应计入的当期损益，即公允价值与账面价值之间的差额。公允价值变动收益包括交易性金融资产公允价值变动收益、交易性金融负债公允价值变动收益、衍生金融工具公允价值变动收益和融出证券公允价值变动收益等。

投资收益(或损失)是指企业以各种方式对外投资所取得的收益(或形成的损失)。

3. 营业外收入

营业外收入是指企业发生的与其日常活动无直接关系的各项得利。

4. 营业外支出

营业外支出是指企业发生的与其日常活动无直接关系的各项支出。

(二) 净利润

净利润又称税后利润，是企业缴纳所得税后形成的利润，是企业进行利润分配的依据，其计算公式为：

$$净利润=利润总额-所得税费用$$

(三) 税金

税金是国家根据事先规定的税种和税率向企业征收的、上交国家财政的款项，是国家宏观调控的重要经济手段之一。

二、衡量盈利效果的指标

(一) 销售收入利润率

销售收入利润率也称百元销售利润率或百元收入利润率，是指畜牧企业一定时期内产品销售利润与同一时期所取得的产品销售收入之比。它是从销售收入的角度反映利润水平的相对指标。这一指标可以按全部产品综合加权计算，也可以按一类产品或每种主要产品分别计算，计算公式为：

$$销售收入利润率=\frac{产品销售利润}{产品销售收入}\times 100\%$$

它表明产品销售利润在产品销售收入中所占的比例，即每百元销售收入可获得多少利润。销售收入利润率越高，说明企业生产经营效果越好，反之则越差。

(二) 销售成本利润率

销售成本利润率也称百元成本利润率，是指畜牧企业一定时期内产品销售利润与同一时期内发生的产品销售成本之比。它是从销售成本的角度反映利润水平的相对指标，这一指标可以按全部产品综合加权计算，也可以按一类产品或每种主要产品分别计算。其计算公式为：

$$销售成本利润率=\frac{产品销售利润}{产品销售成本}\times 100\%$$

它是反映生产消耗经济效果的指标，表明消耗每百元成本可获得多少利润。如果畜产品销售价格和税金不变，产品成本越低，销售利润越多，销售成本利润率就越高。

（三）产值利润率

产值利润率是指企业在一定时期内的利润总额与同一时期内所实现的总产值之比。它是从产值的角度反映利润水平的相对指标。其计算公式为：

$$产值利润率=\frac{利润总额}{总产值（或产品产值）}\times 100\%$$

（四）资金利润率

资金利润率是指畜牧企业在一定时期内的利润总额与同一时期内的资金占用额之比。它是从资金的角度反映利润水平的相对指标，包括总资金利润率、固定资产利润率、流动资产利润率。其计算公式为：

$$总资金利润率=\frac{利润总额}{固定资产原价平均总额+流动资产平均占用额}\times 100\%$$

$$固定资产利润率=\frac{利润总额}{固定资产原价平均总额}\times 100\%$$

$$流动资产利润率=\frac{利润总额}{流动资产平均占用额}\times 100\%$$

资金利润率把利润与占用的资产联系起来，反映了占用资产的利用效果，反映了占用每百元资产可提供的利润，也反映了企业生产经营成果的好坏。用该指标考核企业的经营成果，有利于促进企业节约资产占用，加速资产周转。

任务四　经营效果分析

一、经营效果分析的方法

（一）对比分析法

对比分析法也叫比较分析法，这种方法是把同性质的两种或两种以上的经济指标进行对比，寻找相互之间的差距，分析其原因，并从中选择经济效益最好的方案的一种方法。对比时采用绝对数、相对数和平均数均可。根据分析目的的不同，常进行以下对比分析。

1. 计划完成情况的对比分析

计划完成情况的对比分析即以计划指标为基数，以实际完成数同计划指标对比，检查计划完成程度，并分析其原因；是用计划完成程度相对指标来检查、监督计划执行情况的一种方法。其计算公式为：

$$计划完成程度相对指标=\frac{实际完成数}{计划指标}\times 100\%$$

为了正确反映计划执行情况，上述公式的分子项和分母项的指标含义、计算方法、计算口径和计量单位等都要保持一致。

【例 6-8】 某畜牧企业 2017 年计划总产值为 700 万元，实际完成总产值 805 万元，计算分析该企业计划完成情况。

$$该企业2017年总产值计划完成程度相对指标=\frac{805}{700}\times 100\%=115\%$$

故该企业实际完成计划任务的 115%，即实际比计划超额完成 15%，其绝对额为 105 万元[805－700＝105(万元)]。

2. 发展水平分析

对报告期水平与基期水平进行动态对比分析，研究畜牧企业生产经营变化的动态、趋势和规律，以便正确指挥和组织经营活动。相关内容及具体实例将在动态分析法里详细介绍。

3. 结构对比分析

结构对比分析即将某一经济指标的分项数与合计数对比，考查各部分在总体中所占的比例，掌握总体构成的特点，采取按比例发展的措施。结构对比分析用结构相对指标来分析，计算公式为：

$$结构相对指标=\frac{总体中部分总量}{总体总量}\times 100\%$$

为了更确切地反映各个部分占总体的比例，在计算结构相对指标时，应强调在科学分组的基础上进行计算。

【例 6-9】 某养猪场的职工构成情况见表 6-3，试计算分析养猪场各类人员所占的比例。

根据表 6-3 计算出养猪场各类人员所占的比例，结果见表 6-4。

通过表 6-4 中各类人员所占的比例，可以看出工人所占的比例最大，占全部职工人数的 84%，技术人员所占的比例最少，占全部职工人数的 1%。通过分析可以看出该养猪场缺乏技术人员。

表 6-3　养猪场职工构成情况统计

职工分类	人数
工人	168
技术人员	2
管理人员	10
服务人员	10
其他人员	10
合计	200

表 6-4　某养猪场各类人员所占的比例　%

职工分类	比例
工人	84
技术人员	1
管理人员	5
服务人员	5
其他人员	5
合计	100

4. 先进性分析

对本企业与先进企业进行类比分析，以发现优势，找出差距，及时采取措施，改革薄弱环节。

【例 6-10】 试对某地区普通养鸡场与现代化养鸡场进行对比分析。

对普通养鸡场与现代化养鸡场进行对比分析，分析结果见于表 6-5。

表 6-5　普通养鸡场与现代化养鸡场的对比分析

技术指标	普通养鸡场	现代化养鸡场	差额	普通养鸡场占现代化养鸡场的比例/%
人均年饲养量/只	2 500	10 000	−7 500	25.00
每只鸡年产蛋量/kg	13	17.5	−4.5	74.29
人均年生产鲜蛋/kg	32 500	175 000	−142 500	18.57
料蛋比	2.28	2.46	−0.18	92.68
鸡蛋成本/(元/kg)	5.5	5.8	−0.3	94.83
每只鸡年盈利/(元/kg)	10.55	6.54	4.01	161.31

普通养鸡场在人均饲养量、每只鸡年产蛋量、人均生产鲜蛋和人均年创造利润 4 个指标与现代化养鸡场相比都有一定的差距，其主要原因是资金和技术力量较薄弱。

5. 强度对比分析

对两个性质不同，但又具有密切联系的指标进行强度对比，用以反映事物发展的强度、密度、普通程度或利用程度。畜牧企业常用的强度指标有畜禽饲养密度、畜禽育肥度、资金利润率、销售利润率等，把出生畜禽数或死亡畜禽数和总畜禽数相比，可以计算出生率和死亡率等。

（二）因素分析法

因素分析法也叫连环替代法，它是通过对组成某一经济指标的各个因素的分析，确定每个因素对该指标的影响程度。进行因素分析，首先要将各个因素进行排序，假定其他因素不变的情况下，逐一因素进行计算，逐一分析每一因素变化对总体的影响程度，直至将全部因素分析完，最后分析比较各个因素，从中找出影响总体的主要因素和次要因素，为采取措施提供决策依据。下面用具体例子说明因素分析法的步骤和方法。

【例 6-11】 某养鸡场饲养蛋鸡，计划消耗费用与实际消耗费用见表 6-6，利用因素分析法，分析表 6-6 中饲养只数、每只鸡饲料消耗量、每千克饲料单价 3 个因素对饲料消耗费用总额的影响程度。

表 6-6　某鸡场养鸡计划消耗费用与实际消耗费用情况

项目	计划	实际	差异
饲养只数/只	500	480	−20
每只鸡饲料消耗量/kg	46	48	2
每千克饲料单价/元	1.5	1.55	0.05
饲料消耗费用总额/元	34 500	35 712	1 212

由表 6-7 可知，计划指标：

$$500\times46\times1.50=34\ 500(\text{元})$$

(1) 饲养只数。计算饲养只数变动对饲料消耗费用总额的影响，即第 1 次代替：

$$480\times46\times1.50=33\ 120(\text{元})$$

饲养只数的变化对饲料消耗费用总额的影响：

$$33\ 120-34\ 500=-1\ 380(\text{元})$$

即：由于饲养只数减少20只，饲料消耗费用总额减少了1 380元。

(2) 每只鸡饲料消耗量。计算每只鸡饲料消耗量变动对饲料消耗费用总额的影响，即第2次代替：

$$480\times48\times1.50=34\ 560(元)$$

每只鸡饲料消耗量的变化对饲料消耗费用总额的影响：

$$34\ 560-33\ 120=1\ 440(元)$$

即：由于每只鸡饲料消耗量增加2 kg，饲料消耗费用总额增加了1 440元。

(3) 每千克饲料单价。计算每千克饲料单价变动对饲料消耗费用总额的影响，即第3次代替：

$$480\times48\times1.55=35\ 712(元)$$

每千克饲料单价的变化对饲料消耗费用总额的影响：

$$35\ 712-34\ 560=1\ 152(元)$$

即：每千克饲料单价增加0.05元，饲料消耗费用总额增加了1 152元。

如果还有第4、第5、……、第n个因素，可以按其顺序连环代替，直到最后一个因素。

最后，综合各因素变动对饲料消耗费用总额的影响程度，具体方法是把前面计算的各项结果相加，就是所有因素综合影响的结果。

$$-1\ 380+1\ 440+1\ 152=1\ 212(元)$$

即：以上3个因素影响的结果是饲料消耗费用总额增加了1 212元。

分析结论：由于饲养只数的减少，饲料消耗费用总额减少了1 380元；由于每只鸡饲料消耗量增加，饲料消耗费用总额增加了1 440元；由于每千克饲料单价增加，饲料消耗费用总额增加了1 152元。导致饲料消耗费用总额增加的主要因素是每只鸡饲料消耗量的增加，次要因素是每千克饲料单价的提高。

（三）动态分析法

经济活动是发展变化的，从时间上的发展变化过程与特点分析经济活动的方法就是动态分析，动态分析可以反映企业经济发展水平和速度。

进行企业动态分析，先要编制动态数列。把经济现象数量方面的统计指标，按照时间的顺序排列起来，就形成一个动态数列，然后借助于动态指标，来分析某一经济活动的变化动态和观察变化趋势。动态分析常用的指标有增长量、发展速度、增长速度、平均发展速度和平均增长速度等。

1. 增长量

增长量就是报告期发展水平与基期发展水平的差，用以比较两个时期的发展水平。其计算公式为：

$$增长量=报告期发展水平-基期发展水平$$

由于采用的时期不同，增长量可分为逐期增长量和累积增长量。逐期增长量是报告期发展水平与前一期发展水平之差，即连环相减，表现本期比上期增长的绝对数量。其计算公式为：

$$逐期增长量=报告期发展水平-前一期发展水平$$

累积增长量是各报告期发展水平减去某固定基期发展水平的差数，表明经济现象在某一段较长时期内的总增长量。其计算公式为：

$$累积增长量=报告期发展水平-固定期发展水平(最初发展水平)$$

【例 6-12】 表 6-7 是某畜牧企业近 5 年的总产值资料，试计算各年的逐期增长量和累积增长量。

表 6-7 某畜牧企业近 5 年的总产值资料 万元

项目	2013 年	2014 年	2015 年	2016 年	2017 年
总产值	6 500	7 800	9 360	11 232	13 478.4

对表 6-7 的资料加以计算，见表 6-8。

表 6-8 某畜牧企业近 5 年的逐期增长量和累计增长量 万元

项目		2013 年	2014 年	2015 年	2016 年	2017 年
总产值		6 500	7 800	9 360	11 232	13 478.4
增长量	逐期增长量	—	1 300	1 560	1 872	2 246.4
	累积增长量	—	1 300	2 860	4 732	6 978.4

2. 发展速度

发展速度是两个不同时期发展水平之比，它说明某种经济现象在一段时间内的发展变化程度。衡量发展速度的常用指标包括同比发展速度、定基发展速度和环比发展速度。

(1) 同比发展速度，是用本期发展水平与上年同期发展水平之比来表示企业的相对发展速度，主要是为了消除季节变动的影响。其计算公式为：

$$同比发展速度=\frac{本期发展水平}{去年同期发展水平}\times 100\%$$

【例 6-13】 某乳品 2018 年 7 月销售额为 500 万元，2017 年 7 月销售额为 350 万元，试计算同比发展速度。

$$同比发展速度=\frac{本期发展水平}{去年同期发展水平}\times 100\%=\frac{500}{350}\times 100\%=142.86\%$$

(2) 定基发展速度，也称总速度，是指报告期发展水平与某一固定时期发展水平之比，表明某种经济现象在较长时期内总的发展速度。如“十一五”期间各年发展水平都以 2014 年发展水平为基期进行对比，一年内各月发展水平都以上年 12 月发展水平为基期进行对比。

$$定基发展速度=\frac{报告期发展水平}{固定基期发展水平}\times 100\%$$

(3) 环比发展速度，一般是指报告期发展水平与前一时期发展水平之比，反映某种经济现象逐期的发展变化情况，如 2018 年 6 月与 2018 年 5 月相比。环比分为日环比、周环比、月环比和年环比。

$$环比发展速度=\frac{报告期发展水平}{前一期发展水平}\times 100\%$$

【例 6-14】 根据表 6-8 的资料，计算各年的定基发展速度(以 2013 年为基期)和环比发展速度，计算结果见表 6-9。

表 6-9　各年的定基发展速度和环比发展速度

项目		2013 年	2014 年	2015 年	2016 年	2017 年
总产值/万元		6 500	7 800	9 360	11 232	13 478.4
发展速度	定基发展速度	—	1.2	1.44	1.728	2.073 6
	环比发展速度	—	1.2	1.2	1.2	1.2

3. 增长速度

增长速度反映某一社会经济活动增长快慢的程度，它说明报告期发展水平比基期发展水平增长了几个百分点，等于发展速度减去 100%。其计算公式为：

增长速度＝发展速度－100%

增长速度分为同比增长速度、定基增长速度和环比增长速度。其计算公式为：

同比增长速度＝同比发展速度－100%
定基增长速度＝定基发展速度－100%
环比增长速度＝环比发展速度－100%

【例 6-15】 某畜牧企业 2014 年 3 月产值 100 万元，2015 年 3 月产值 300 万元，试计算同比增长速度。

$$同比发展速度=\frac{300}{100}\times 100\%=300\%$$

$$同比增长速度=300\%-100\%=200\%$$

【例 6-16】 根据表 6-7 的资料，计算各年的定基增长速度和环比增长速度，计算结果见表 6-10。

表 6-10　各年的定基增长速度和环比增长速度

项目		2013 年	2014 年	2015 年	2016 年	2017 年
发展速度	定基发展速度	—	1.2	1.44	1.728	2.073 6
	环比发展速度	—	1.2	1.2	1.2	1.2
增长速度	定基增长速度	—	0.2	0.44	0.728	1.073 6
	环比增长速度	—	0.2	0.2	0.2	0.2

4. 平均发展速度

平均发展速度是指某种经济现象在一定时期内各环比发展速度的集合平均数，它反映某种经济现象在一定时期内发展速度的平均水平。其计算公式为：

$$\overline{x}=\sqrt[n]{x_1\times x_2\times\cdots\times x_n}$$

式中：$\overline{x}$表示平均发展速度；x 表示各时期（各年）环比发展速度；n 表示环比发展速度的对比次数。

【例 6-17】 根据表 6-9 的资料，计算平均发展速度。

$$平均发展速度=\sqrt[4]{1.2\times 1.2\times 1.2\times 1.2}=1.2=120\%$$

5. 平均增长速度

平均增长速度反映经济现象在一个较长时期增长的平均速度，它等于平均发展速度减去

100%。其计算公式为：

$$平均增长速度=平均发展速度-100\%$$

【例 6-18】根据例 6-17 的资料，计算平均增长速度。

$$平均增长速度=120\%-100\%=20\%$$

二、经营效果分析的内容

影响畜牧企业经营管理效果的主要因素包括饲料消耗、畜产品产量、畜产品质量、畜禽生产率和资产利用率等几个方面，所以经营效果分析也主要围绕这几个主要因素进行。

(一) 饲料消耗管理分析

从经济上考查饲料消耗，应从饲料消耗定额、饲料利用率和饲料成本 3 方面分析。首先统计出各年龄组畜禽全年实际饲料消耗量，然后与它们各自的饲料消耗定额对比，分析饲喂前和饲喂过程中多少饲料被浪费掉了，进而具体分析饲料运输、加工、贮藏、保存和饲喂等环节上造成浪费的原因。

在畜产品成本中，饲料费用一般占生产费用总额的 60%～80%，因此合理利用饲料资源，提高饲料转化率和利用率，降低饲料费用，对提高畜牧企业经济效果具有重要意义。生产单位畜产品耗用的饲料越少，饲料转化率越高，经济效果越好。降低单位畜产品饲料费用的主要途径有两点，一是节约饲料用量，二是降低饲料费用。

除了技术上从饲料的营养和饲料转化率分析外，还应从经济上即从饲料成本上分析，以寻找成本低、报酬高的日粮配方和饲喂方法，最终达到以同等的饲料消耗，取得最佳经济效益的目的。

考核饲料消耗的指标很多，主要有：

$$料肉比=\frac{饲养期间的饲料消耗}{饲养期间的净增重}$$

$$料蛋比=\frac{饲养期间的饲料消耗}{饲养期间的总产蛋量}$$

$$料奶比=\frac{饲养期间的饲料消耗}{饲养期间的总产奶量}$$

$$单位产品的饲料成本=\frac{饲养期间的饲料费用}{肉(蛋、奶)的总产量}$$

(二) 生产能力管理分析

生产畜产品是为了满足社会的需要，畜牧企业生产出符合社会需要的产品越多，成本越低，经营成果越好。分析时，常用产品的实际产量与计划产量相比较，分析计划完成情况就是用当年的实际产量与上年度或某一基期实际产量相比较，考查产量变动及其原因，与条件相同的先进单位对比，寻找差距；计划完成情况分析还可以用货币指标表示，考查各类产品产值计划完成情况。影响畜产品产量的因素，主要是畜禽数量、品种结构以及产品率等，为了查明每个因素变动对总产量的影响程度，可用前面讲过的因素分析法进行计算分析，并分析各个因素变动的原因，分析时，要将不同品种畜禽构成的变动对总产量的影响加以分析，以便改进饲养管理，提高经济效益。

（三）畜产品质量管理分析

饲养管理工作质量和畜产品质量是养殖场技术措施与管理工作的综合反映，它直接关系到畜牧企业经营的成果、信誉和竞争能力。

1. 饲养管理工作质量

饲养管理工作质量主要用“四率”来考核，即受胎率、产仔(蛋)率、成活率、出栏率。将不同年份的“四率”进行比较，即可考查畜群饲养管理工作质量提高的程度。

2. 畜产品质量管理

畜产品质量，是指畜产品所具有的自然属性能够满足人们需要的程度。畜产品质量的高低，主要取决于畜禽品种、科学技术和管理水平，它直接影响着产品信誉、产值和竞争能力。评定畜产品的质量，多从产品内在和外在两方面品质来评定。例如，乳品质量主要由单位重量乳品中干物质、脂肪和蛋白质的含量所占的比例(内在)，营养成分易消化程度以及卫生指标(外在)等指标来评定；肉品质量主要由脂肪含量、瘦肉率、瘦肉中蛋白质含量(内在)以及新鲜程度如颜色、气味、水分(外在)等指标来评定；羊毛质量主要通过鉴定纤维的平均长度、细度、均匀度、同质性、拉力、净毛率、色泽以及保暖性能等来评定；蛋品质含量要看单位重量内部各种营养成分的比例(内在)、外部蛋壳的颜色和新鲜程度(外在)等指标；皮张质量主要通过鉴定加工后的柔软性、韧性、光泽、耐用程度和面积大小等来评定。按照规定的质量标准，采用感官鉴定法和理化鉴定法结合，划分出产品的质量等级，再计算出各个等级产品数量占总产量的比例，即可分析产品的质量状况。通过市场销售情况、信誉及顾客的意见调查及与同类企业比较等，寻找产品质量差距和影响产品质量的主要因素，研究提高产品质量的技术和管理措施。

在提高产品质量的同时，还要研究提高产品质量的经济效果，不仅要分析提高质量后增加的收入，还要分析提高质量所花费的成本，并与提高质量所增加的收入比较，分析是否可用较少的成本费用取得较大的经济效益。

（四）畜禽生产率分析

畜禽生产率是考查畜禽个体品质优劣和生产水平高低的指标。畜禽生产率通常用以下两个指标进行分析。

1. 畜禽生产率

$$\text{畜禽生产率}=\frac{\text{全年主产品总产量或产值}}{\text{畜禽年平均数量}}$$

在实际生产过程中，主产品的总产量根据畜禽的种类分别计算。一般奶牛以平均每头成年母牛年产奶量计算，母猪以平均每头成年母猪年供断奶仔猪或肉猪数量计算，肉猪以平均每头肉猪年产肉量、胴体重或瘦肉量计算，蛋禽以平均每只蛋禽年产蛋数或重量计算，肉禽以平均每只年产肉量等计算，若用产值计算，则用现时的市场价格来计算。

2. 畜禽利润率

畜禽利润率反映平均饲养每头(只)畜禽而获得的利润。

$$畜禽利润率=\frac{主产品利润}{畜禽年平均数量}$$

（五）投资效果分析

畜牧企业的投资一般分为以下两类。

一类是在原有生产项目上追加的改扩建投资，用于添置、更新设备和基本建设，扩大生产规模等。这种投资一般可分为两种：一是购置或更新技术设备，改善生产和劳动条件；二是新建或扩建畜舍、仓库以及购买种畜禽等，以增加畜禽的生产能力。这种投资比较简单，由于它是在原有生产项目上改造和扩大，所以基本情况、有关资料一般企业已经掌握，如果投资额不大，所需研究分析的问题相对比较简单。

另一类是较大规模的新建投资。这类投资决策实际上是企业最重要的一项经营决策，是一个很复杂的问题。由于畜牧企业一般投资有限，投资建设期较长，项目建成后畜牧业生产周期较长，建成后的使用时期更长，所以资源（尤其是资金）一旦投入，可变动的范围很小，很难再做转移。如果决策失误，必然长期影响全局，如再做改变，难免造成较大的经济损失。因此，对这类投资必须进行周密、全面的可行性研究。在可行性研究中要对新建项目的一些主要问题，从技术和经济两方面进行详细调查研究、分析、设计和方案比较。研究中，不仅要做市场需求的调查、预测，对投资环境条件、饲料和原材料供应、能源供应、运输条件、内外协作配合的环境条件等做详细调查、分析，还要对项目建成后的生产能力与规模、产品质量、产品成本、竞争能力、投资回收期等一系列技术经济效果进行预测、分析，并对该项目建设在技术上是否先进可靠，经济上是否合理，经营上是否有利等问题做出判断，从而提出对该项目是否应该投资和怎样投资的意见，以达到使有限的资金投放到国家、企业最急需、最有利的生产项目上，并取得最佳的社会效益和企业经济效益。

对畜牧企业投资进行经济评价通常采用以下指标分析。

（1）资金占用量。畜牧企业的投资除了畜舍和设备投资外，大部分用于购买基础母畜，一般来说每头基础母畜占用的资金越少，投资效果越好。

（2）单位投资所得产品或产值。这一指标反映投资后新增生产力和提高产量的效果。单位投资所得产品或产值越多，表明资金利用越充分，发挥的效用越大。其一般以每百元投资所获得的产值或产量表示。

（3）投资对劳动生产率的提高程度。有些技术设备的投资，其直接的增产作用不大，但能改善劳动力的劳动条件，降低劳动消耗。测定因使用新的技术设备后剩余（节约）的劳动力数量，并计算出节约的劳动量。

（4）投资回收期。投资回收期也称返本期，是指收回原始投资额所需的时间，是反映投资方案清偿能力的重要指标。投资回收期越短，表明投资回收的速度越快，资金利用效果越好，投资效果越好。其计算公式为：

$$投资回收期(年)=\frac{原始投资额(元)}{年现金流入量(元)}$$

项目小结

- 经济核算与经营效果分析
  - 资产核算
    - 固定资产核算
    - 流动资产核算
    - 生物资产核算
    - 无形资产核算
    - 其他资产核算
  - 成本核算
    - 畜产品成本与成本核算的概念
    - 成本核算的作用
    - 成本核算的项目
    - 成本核算的程序
    - 成本核算的方法
    - 降低畜产品成本的主要途径
  - 盈利核算
    - 盈利核算的内容
    - 衡量盈利效果的指标
  - 经营效果分析
    - 经营效果分析的方法
    - 经营效果分析的内容

复习思考题

1. 什么是固定资产？固定资产的特点有哪些？
2. 固定资产折旧有哪些方法？
3. 提高固定资产使用经济效益的途径有哪些？
4. 什么是流动资产？流动资产的特点有哪些？
5. 提高流动资产使用经济效益的途径有哪些？
6. 什么是生物资产？什么是无形资产？
7. 成本核算的项目、程序和方法有哪些？
8. 降低畜产品成本的主要途径有哪些？
9. 盈利核算的内容有哪些？衡量盈利效果的指标有哪些？
10. 经营效果分析的方法和内容有哪些？

项目七

畜牧场环境管理、监测与评价

【知识目标】1. 了解畜牧场环境管理的意义。
2. 了解畜牧场环境监测的目的。
3. 掌握畜牧场环境消毒的方法。
4. 掌握畜牧场尸体处理的方法和卫生管理措施。
【职业能力】能对畜牧场环境进行科学管理。
【素质目标】形成“绿水青山就是金山银山”的畜牧企业发展观念。

现代化畜牧业发展的趋势是采用规模化、集约化和工厂化的生产工艺。规模化、集约化、工厂化畜牧场的显著特点是畜禽饲养高度集中，群体规模和饲养密度大。这样，一方面家畜产生大量的废弃物，对环境的影响更为明显，另一方面畜牧场环境管理更为复杂。畜牧场环境状况与畜牧生产关系极为密切，若畜牧场环境恶化，则导致畜禽生产力降低，发病率增高，甚至致使畜禽疾病流行，同时也影响牧场周边的生态环境。对畜牧场环境进行监测和管理，及时掌握畜牧场环境状况是采取有效措施控制和改善环境，提高畜禽生产力，切断疾病传播途径的前提，也是建设社会主义生态文明的需要。

任务一　环境绿化

一、环境绿化的卫生意义

（一）改善场区小气候

1. 绿化可以明显改善畜牧场场区的温度

绿色植物对太阳辐射热的吸收能力较强，如单片树叶对太阳辐射热的吸收率可达50%以上。绿色植物在蒸腾过程中除直接吸收太阳辐射热外，还从周围空气中吸收大量热能。所以，在炎热夏季，绿色植物能够减少地面对太阳辐射的吸收量，降低空气温度。在夏季，植被上方的气温通常比裸地上方的气温低3～5℃；在冬季，绿地上方的最高气温及平均气温低于裸露地面，但最低气温高于裸露地面，从而缩小了气温日较差，缓解了局部地区寒冷的程度。

2. 绿化可以明显增加畜牧场场区的湿度

植物根系具有吸收和保持土壤水分、固定土壤、防止水土流失的作用。植物枝叶的蒸腾作用能够增加空气湿度。绿色植物繁茂的枝叶能够阻挡气流、降低风速，使蒸发到空气中的水分不易扩散。所以，绿化区域空气的湿度，包括绝对湿度和相对湿度均普遍高于非绿化区。绿化区相对湿度通常比非绿化区高出 10%～20%，甚至可以高出 30%。

3. 绿化可以明显减缓畜牧场场区的气流速度

由于树木的阻挡及气流与树木的摩擦等作用，当气流通过绿化带时，被分成许多小涡流，这些涡流的方向不一致，彼此摩擦而消耗气流的能量，从而使气流的速度下降。在冬季，森林可使气流速度下降 20%；在其他季节，森林可使气流速度下降 50%～80%。

（二）净化场区空气环境

1. 吸收空气中的有害气体

畜牧场内家畜数量多、密度大，在呼吸代谢过程中消耗的氧气量和排出的二氧化碳量都很大，粪尿、垫料和污水等废弃物在分解过程中可产生大量的如氨气、硫化氢等具有刺激性和恶臭性的有害气体。绿色植物一方面在光合作用中能够大量吸收二氧化碳、释放氧气，另一方面至少可以阻留、净化 25%的有害气体，甚至可阻留 60%的二氧化硫。所以，在畜牧场内及周围地区种植绿色植物既可以降低场区氨气浓度，减少空气污染，又能够为植物自身提供氮素养分，减少施肥量，并促进植物生长。

2. 吸附空气中的灰尘

家畜活动和饲料加工运输、干草及垫料的翻动运输、清扫地面等许多生产过程都会产生大量的灰尘，所以畜舍和场内空气中的灰尘微粒含量往往较高，这不利于家畜的健康。绿色植物具有吸附和滞留空气灰尘微粒的作用，所以对畜牧场场区进行绿化，能明显地减少空气微粒，净化空气环境。

3. 减少空气微生物含量

空气中的微生物往往附着在灰尘等空气微粒上，并随之飘浮、传播。花草树木可以吸附空气微粒，微生物因失去了附着物而在空气中的数量减少。植物在生长过程中还能不断地从油腺中分泌出具有香味的挥发性物质，如香精油（萜烯）、乙醇、有机酸、醛、酮、醚等，这些芳香性物质具有杀菌作用。

（三）防疫防火、降低噪声

在畜牧场周围及场内各区之间种植林带，能有效地防止人员、车辆随意穿行，使之相互隔离；植物净化空气环境、杀灭细菌及昆虫等作用均可减少病原体的传染机会，对于减少疫病发生和传播具有重要意义；由于树木枝叶含水量大，加之绿色植物所具有的固水增湿、降低风速等作用，因此，畜牧场环境绿化对于防止火灾发生和蔓延具有一定的作用。

树林能够降低畜牧场噪声的原因有三方面，一是声波遇到树木后能量大部分会被稠密、柔软的枝叶表面吸收，进而减弱了声波反射的作用；二是树叶在随风摆动的过程中对声波的扰乱和消散作用；三是粗糙的树干表面也能吸收部分声波，而树干圆柱体的外形可以将声波向各个方向反射，因而起到了降低噪声的作用。

二、畜牧场绿化带的设置

(一) 畜牧场绿化带的种类及特点

(1) 场界绿化带:在畜牧场场界周边以高大的乔木或乔木、灌木混合组成的林带。场界绿化带的树种以高大挺拔、枝叶茂密的杨树、柳树、榆树或常绿针叶树木等为宜。

(2) 场内隔离林带:在畜牧场各功能区之间或不同单元之间,可以种植乔木和灌木组成隔离林带,防止人员、车辆及动物随意穿行,以防止病原体的传播。

(3) 道路两旁林带:树种应选择树冠整齐美观、枝叶开阔的乔木或亚乔木,如槐树、松树、杏树等。

(4) 运动场遮阴林带:位于运动场四周,一般由1～2行树木组成;树种应选择树冠高大、枝叶茂盛、开阔的乔木。

(5) 草地绿化:畜牧场不应有裸露地面,除植树绿化外,还应种草、种花。

(二) 绿化植物的选择要求

我国地域辽阔,自然环境差异很大,花草树木多种多样,可供环境绿化的树种除要求适应当地的光热水土环境以外,还需要具有抗污染、吸收有害气体等功能。因此,在绿化植物的选择上,不但应充分考虑植物的适应性,因地制宜地选择适合当地自然条件的树种,而且应尽量选择抗污染、吸收有害气体或具有杀菌能力且对人畜无毒、无害的植物。

任务二 环境消毒

消毒是指以物理的、化学的或生物学的方法清除或杀灭由传染源排放到外界环境中的病原微生物,以切断传播途径,预防或防止传染病发生、传播和蔓延的措施。消毒是预防传染病发生的最重要和最有效的措施之一,也是畜牧场环境管理和卫生防疫的重要内容。

一、畜牧场消毒的种类

根据畜牧场消毒的目的和实施的时机不同,畜牧场消毒的种类通常分为经常性消毒、定期消毒、突击性消毒、临时消毒和终末消毒等。

1. 经常性消毒

经常性消毒是指在未发生传染病的条件下,为了预防传染病的发生,消灭可能存在的病原体,根据畜牧场日常管理的需要,随时或经常对畜牧场环境、家畜以及家畜经常接触到的人、器物(工作衣、帽、靴)、设施和出入畜牧场的人员、车辆等进行消毒。

简单易行的经常性消毒的办法是在场舍入口处设消毒槽和紫外线杀菌灯,人员、家畜及车辆出入时,踏过消毒池内的消毒液以杀死病原微生物。淋浴和用消毒剂喷淋也是预防传染病发生的有效方法。

2. 定期消毒

定期消毒是指在未发生传染病时,为了预防传染病的发生,对于有可能存在病原体的场所或设施,如圈舍、栏圈、设备用具等进行定期消毒。当畜禽出售,畜舍空出后,必须对畜舍及设备、设施进行全面清洗和消毒，以彻底消灭病原微生物，保持环境清洁卫生。

3. 突击性消毒

突击性消毒是指在已知某种传染病暴发和流行时，为了切断传播途径，防止其进一步蔓延，对畜牧场环境、畜禽、器具等进行的紧急性消毒。突击性消毒所采取的措施是：①封锁畜牧场，谢绝外来人员和车辆进场，本场人员和车辆出入也须严格消毒；②与患畜接触过的所有物品，均应用强消毒剂消毒；③要尽快焚烧或填埋垫草；④用含消毒液的气雾对舍内空间进行消毒；⑤将舍内设备移出，清洗、暴晒，再用消毒液消毒；⑥墙裙、混凝土地面用4%碳酸钠或其他清洁剂的热水溶液刷洗，再用1%的新洁尔灭溶液刷洗；⑦将畜舍密闭，设备用具移入舍内，用甲醛进行熏蒸消毒。

4. 临时消毒

在非安全地区的非安全期内，为消灭病畜携带的病原传播所进行的消毒，称为临时消毒。临时消毒应尽早进行，根据传染病的种类和用具选用合适的消毒剂。临时消毒所采取的措施是：①畜舍内的设备装置，能搬的搬走，能拆的拆开，搬移至舍外，小件的浸泡消毒，大件的喷洒消毒，育雏室的设备在刷洗后需熏蒸消毒；②屋顶、天棚及墙壁、地面均应将尘埃清扫干净，进行喷洒消毒；③墙壁与混凝土地面用4%碳酸钠或其他清洁剂的热水溶液刷洗，再用新洁尔灭溶液刷洗；④畜舍及其设备清洗消毒后，再用甲醛进行熏蒸消毒。

5. 终末消毒

在发病地区消灭了某种传染病后，在解除封锁前，为了彻底消灭病原体而进行的最后消毒，称为终末消毒。终末消毒不仅要对病畜周围一切物品及畜舍进行消毒，而且要对痊愈家畜的体表、畜舍和畜牧场其他环境进行消毒。

二、畜牧场消毒的方法

（一）物理消毒法

1. 机械性清除

用清扫、铲刮、洗刷等机械方法清除降尘、污物及沾染在墙壁、地面以及设备上的粪尿、残余饲料、废物及垃圾等，这样可减少舍内的病原微生物。

2. 通风换气

通风可以减少舍内空气中的微粒与细菌的数量，减少经空气传播疫病的机会。通风前应首先使用空气喷雾消毒剂沉降微粒和杀菌，然后再依次进行清扫、铲刮与洗刷，最后再次进行空气喷雾消毒。

3. 日光照射

日光照射消毒是指将物品置于日光下暴晒，利用太阳光中的紫外线、光的灼热干燥作用使病原微生物灭活的过程。这种方法适用于对运动场场地、畜舍内可以移出室外的用具等进行消毒。

4. 辐射消毒

紫外线照射消毒是用紫外线灯照射杀灭空气中或物体表面的病原微生物的过程。紫外线照射消毒常用于种蛋室、兽医室等空间以及人员进入畜舍前的消毒。由于紫外线容易被吸收，对物体（包括固体、液体）的穿透能力很弱，所以紫外线只能杀灭物体表面和空气中的微生物。

5. 高温消毒

高温消毒是利用高温环境破坏细菌、病毒、寄生虫等病原体结构，杀灭病原的过程，主要包括火焰、煮沸和高压蒸汽等消毒形式。

（二）化学消毒法

化学消毒法是使用化学消毒剂破坏病原体的结构直接杀死病原体或使病原体的增殖发生障碍的过程。化学消毒法比其他消毒方法速度快、效率高，能在数分钟内进入病原体内并将其杀死。所以，化学消毒法是畜牧场最常用的消毒方法。

常用消毒药有氢氧化钠（烧碱）、草木灰、石灰乳（氢氧化钙）、漂白粉、克辽林、石炭酸、高锰酸钾、福尔马林、氨水及碘酊等，这些常用消毒防腐药因性状和作用的不同，消毒对象和使用方法也不一致，应根据需要选择合适药物，否则既造成经济上损失又达不到消毒的目的（表 7-1）。

表 7-1 常用环境消毒剂的种类及使用

消毒剂名称	使用浓度/%	消毒对象	注意事项
氢氧化钠	1～4	畜舍、车间、车船、用具	为防止腐蚀人、畜的皮肤，消毒完要用水冲洗
生石灰	10～20	畜舍、墙壁、地面	必须现配现用
草木灰	10～20	畜舍、用具、车船	将生石灰与水按 1∶5 比例混合、煮沸、过滤
漂白粉	0.5～20	饮水、污水、畜舍、用具	含有效氯＞25%，新鲜配用
氨水	5	用具、地面	有刺激气味，使用时应戴口罩
来苏儿（煤酚皂液）	2～5	畜舍、笼具、洗手、器械	先清除污物，再消毒，效果较好
克辽林	3～5	畜舍、笼具、洗手、器械	1%的克辽林溶液可用作畜体消毒
福尔马林	5～10	畜舍、仓库、车间、孵化室	福尔马林与高锰酸钾混合，可用于空气熏蒸消毒
过氧乙酸	0.2～0.5	畜舍、体表、用具、地面	0.3%的过氧乙酸溶液可作带畜喷雾消毒
新洁尔灭	0.1	畜舍、食槽、体表	不可与碱性物质混用

（三）生物消毒法

生物消毒法是利用微生物在分解有机物过程中释放出的生物热，杀灭病原微生物和寄生虫卵的过程。在有机物分解过程中，畜禽粪便温度可以达到 60～80℃，可以使病原微生物及寄生虫卵在十几分钟至数日内死亡。生物消毒法是一种经济简便的消毒方法，能杀死大多数病原体，主要用于粪便消毒。

三、畜牧场环境消毒的方式

1. 畜舍内带畜消毒

在日常管理中，对畜舍应经常进行定期消毒。消毒的步骤通常为清除污物、清扫地面、彻底清洗器具和用品、喷洒消毒液。有时在此基础上还需以喷雾、熏蒸等方法加强消毒效果。定期消毒可在舍内有畜禽时进行操作，每隔一周或更长时间进行一次。使用喷雾进行带畜消毒时可选用 0.3%～1%的菌毒敌、0.2%～0.5%的过氧乙酸、0.2%的次氯酸钠或 0.3%的漂白粉溶液。

2. 畜舍内空舍消毒

畜禽出栏后，应对畜舍进行彻底清扫，将可移动的设备、器具等搬出畜舍，在指定地点清洗、暴晒并用消毒液消毒。用水或用4%的碳酸钠溶液或清洁剂等刷洗墙壁、地面、笼具等，待其干燥后再进行喷洒消毒并闲置两周以上。在新一批畜禽进入畜舍前，可将所有洗净、消毒后的器具、设备及欲使用的垫草等移入舍内，以福尔马林(40%甲醛溶液)熏蒸消毒。

如果发生了传染病，用具有特异性和消毒力强的消毒剂喷洒畜舍后再清扫畜舍，就可防止病原随尘土飞扬造成疾病在更大范围传播；然后以大剂量特异性消毒剂反复进行喷洒、喷雾及熏蒸消毒。一般每日一次，直至传染病被彻底扑灭，解除封锁为止。

3. 饲养设备及用具的消毒

应将可移动的设施、器具定期移出畜舍，清洁冲洗，置于太阳下暴晒。将食槽、饮水器等移出舍外暴晒，再用1%～2%的漂白粉、0.1%的高锰酸钾及洗必泰等消毒剂浸泡或洗刷。

4. 家畜粪便及垫草的消毒

在一般情况下，家畜粪便和垫草最好采用生物消毒法消毒。采用这种方法可以杀灭大多数病原体，如口蹄疫、猪瘟、猪丹毒及各种寄生虫卵。但是对患炭疽、气肿疽(黑腿病)等传染病的病畜的粪便，应采取焚烧或经有效的消毒剂处理后深埋。

5. 畜舍地面、墙壁的消毒

对地面、墙裙、舍内固定设备等，可采用喷洒法消毒，如对圈舍空间进行消毒，则可用喷雾法。喷洒要全面，药液要喷到物体的各个部位。喷洒地面时要选择强力消毒剂，且每平方米喷洒药液量是墙壁、顶棚等处的2倍。

6. 场区及生产区等出入口的消毒

在畜牧场入口处供车辆通行的道路上必须设置消毒池，池的长度一般要求大于车轮周长1.5倍。人员通道上应设置消毒池(槽)，池(槽)内用草垫等物体作消毒垫。消毒垫以20%的新鲜石灰乳、2%～4%的氢氧化钠或3%～5%的煤酚皂液(来苏儿)浸泡，对车辆、人员的足底进行消毒，消毒液应定期(如每7 d)更换1次。

7. 工作服消毒

将工作服洗净后可用高压或紫外线照射消毒。

8. 运动场消毒

对运动场消毒，应清除地面污物，然后用10%～20%漂白粉液喷洒，或用火焰消毒；对运动场围栏可用15%～20%的石灰乳涂刷进行消毒。

任务三　灭鼠灭虫

鼠、蚊、蝇等是畜牧场生产中常见的虫害，鼠类不但在畜牧场内偷食饲料、破坏建筑物和场内设施，而且会传播疾病。蚊和蝇等的最大危害是传播病原，它们对畜禽健康危害甚大。因此，灭鼠灭虫是畜牧场环境管理的重要内容。

一、防治鼠害

鼠类不但在畜牧场内偷食饲料、破坏建筑物和场内设施，而且是众多病原体的携带者，能够传染多种疾病(如鼠疫、肠道传染病、血吸虫病、结核病及布氏杆菌病等)。因此，鼠害对畜禽健康和畜牧场生产危害极大。由于鼠类的食性与家畜相仿并且行动机敏、繁殖力强，所以彻底消灭畜牧场鼠类难度较大。目前防治鼠害的主要方法有以下几种。

(1) 建筑防鼠。建筑防鼠是指采取措施，防止鼠类进入建筑物内。鼠类为啮齿动物，啃咬能力强，善于挖洞、攀登。当畜舍的基础不坚实或封闭不严密时，鼠类常常通过挖洞或从门窗、墙基、天棚、屋顶等处咬洞窜入室内。因此，加强建筑物的坚固性和严密性是防止鼠类进入畜舍，减少鼠害的重要措施。

(2) 器械灭鼠。人们在长期与鼠害做斗争的过程中，发明了许多灭鼠器械，如鼠夹、鼠笼、粘鼠板等机械捕鼠器，目前还有较为先进的电子捕鼠器。器械捕鼠的共同优点是无毒害、对人和畜安全、结构简单、使用方便、费用低且捕鼠效率较高。

(3) 化学药物灭鼠。化学药物灭鼠是使用化学灭鼠剂(毒饵)毒杀鼠类。化学灭鼠效率高、使用方便、成本低、见效快，缺点是易造成人、畜中毒。

(4) 中草药灭鼠。采用中草药灭鼠，可就地取材，成本低、使用方便、不污染环境、对人畜较安全；但含有效成分低、杂质多、适口性较差。

畜牧场的鼠类活动以孵化室、饲料库、畜舍和加工车间最多，这些部位是防除鼠害的重点。饲料库可用熏蒸剂毒杀，并且在投喂饲料时应尽量做到勤添不过量，并及时清扫。在猪舍投放毒饵时，为防止猪吃死鼠，灭鼠时可先进行并圈，空出鼠患严重的圈舍投放毒饵，以后轮番逐圈处理；牛舍可待家畜外出放牧或运动时在圈中投放，归圈前撤除以保家畜安全；机械化养禽场的禽舍，只需防止毒饵混入饲料中，即可采用一般方法使用毒饵。在采用全进全出制的生产工艺时，灭鼠可与空舍消毒同时进行。鼠尸应及时清除，以防被人、畜误食而发生二次中毒。毒饵可根据实际情况，选用鼠类喜欢的食物等做饵料并突然投放，可收到良好的效果。

二、防治害虫

畜牧场粪便和污水等废弃物极适于蚊、蝇等有害昆虫的滋生，如不妥善处理则可成为其繁殖滋生的良好场所。这些昆虫叮咬骚扰家畜、污染饲料及环境、携带病原传播疾病。防治害虫，可采取以下措施。

(1) 环境灭虫。搞好畜牧场环境卫生，保持环境清洁和干燥是环境防除害虫的重要措施。填平无用的污水池、土坑、水沟和洼地是永久性消灭蚊蝇孳生的好办法。经常清扫环境，不留卫生死角，及时清除家畜粪便、污水，避免场区内及周围积水，保持牧场环境干燥、清洁。对粪便污水进行无害化处理，铲除蚊蝇滋生的环境条件。

(2) 药物灭虫。化学杀虫剂在使用上虽存在抗药性、污染环境等问题，但它们具有使用方便、见效快、可大量生产等优点，因而仍是当前防除蚊蝇的重要手段。定期用杀虫剂杀灭畜舍、畜体及周围环境的害虫，可以有效抑制害虫滋生。使用药物灭虫时，应优先选用低毒、高效的杀虫剂，避免或尽量减少杀虫剂对家畜健康和生态环境的不良影响。

(3) 生物防除。生物防除是利用有害昆虫的天敌灭虫。例如，可以结合畜牧场污水处理，利用池塘养鱼，鱼类能吞食水中的孑孓和幼虫，具有防治蚊子滋生的作用。另外，蛙类、蝙蝠、蜻蜓等均为蚊、蝇等有害昆虫的天敌。

(4) 物理防除。可使用电灭蝇灯杀灭苍蝇蚊子等有害昆虫。这种灭蝇灯是利用昆虫的趋光性，发出荧光引诱苍蝇等昆虫落在围绕在灯管周围的高压电网上，用电击杀灭蚊蝇。

任务四 尸体处理

家畜尸体很可能携带病原，是疾病的传染源。为防止病原传播，危害畜群安全，必须对牧场畜禽的尸体进行无害化处理。

一、处理尸体常用的方法

（1）土埋法。土埋法是将畜禽尸体直接埋入土壤中，在厌氧条件下利用微生物分解畜禽尸体，同时杀灭大部分病原的方法。土埋法适用于处理非传染病死亡的畜禽尸体。

（2）焚烧法。焚烧法就是将动物尸体投入焚尸炉焚毁。用焚烧法处理尸体消毒最为彻底，但需要专门的设备，消耗能源。焚烧法一般适用于处理具有传染性疾病的动物尸体。

（3）生物热坑法。生物热坑应选择在地势高燥，远离居民区、水源、畜舍、工矿区的区域，生物热坑坑底和四周墙壁应有良好的防水性能。坑底和四周墙壁常以砖砌或用涂油木料制成，应设防水层。凡是一般性死亡的畜禽，可随时抛入坑内处理，用这种方法处理尸体不但可杀灭一般性病原微生物，而且不会对地下水及土壤产生污染，适合牧场一般性尸体进行处理。

（4）蒸煮法。蒸煮法是将动物尸体用锅或锅炉产生的蒸汽进行蒸煮，以杀灭病原。蒸煮法适用于处理非传染性疾病且具有一定利用价值的动物尸体。

二、常见动物尸体的处理

（1）患传染病动物的尸体。当发生某种传染病时，病畜死亡或被扑杀后，应严格按照国家有关法律法规及技术规章对尸体进行无害化处理，以防止传染病的蔓延。如对因患口蹄疫、猪传染性水疱病、非洲猪瘟、禽流感、鸡瘟、鼻疽等传染病死亡的畜禽尸体应进行彻底消毒，然后深埋或焚烧；对患炭疽病的动物，为防止炭疽杆菌扩散，应避免剖解尸体，将尸体彻底焚毁。

（2）患非传染病动物的尸体。对于因非传染病死亡的动物尸体，有利用价值的尸体，可采取蒸煮法处理；无利用价值的尸体，可选用生物热坑、土埋法和焚烧法处理。

任务五 卫生管理措施

为了确保畜牧场生产安全，减少疾病发生，应从多方面做好畜牧场的环境卫生管理。

一、建立完善的防疫机构和制度

按照动物防疫法规的要求，结合畜牧场实际，制订完善的畜牧场卫生防疫制度，建立健全包括家畜日常管理、环境清洁消毒、废弃物及病畜和死畜处理以及计划免疫等在内的各项规章制度；建立专职环境卫生监督管理与疫病防治队伍，确保严格执行畜牧场各项卫生管理制度。

二、做好各项卫生管理工作

（1）确保畜禽生产环境卫生状况良好。畜舍应及时清扫、洗刷；应及时清除粪便和排出污水；应加强通风换气，保持良好的空气卫生状况；应保证地面、墙壁、舍内设施及用具的清洁卫生；确保人、畜饮水卫生；应定期对畜牧场环境、畜舍及用具进行消毒；应对粪便和污水进行无害化处理;妥善处理畜禽尸体及其他废弃物,防止疾病传播。

(2) 防止人员和车辆流动传播疾病。畜牧场应谢绝无关人员参观,尽量减少外来人员进入生产区;必须进入畜牧场的外来人员只有按照畜牧场卫生防疫要求,经严格消毒、更换衣帽后才可进入生产区。场内工作人员必须严格遵守各项卫生工作制度,每次进入生产区前,必须在生产区更衣室更换消毒过的专用工作衣、帽、鞋,经过消毒后才可进入生产区。工作人员进入畜舍前应再次更换经消毒过的工作服、帽和鞋。工作人员在上班期间不可随意串岗、串舍。工作人员必须进入其他生产小区或畜舍时,来、去均需消毒。场内领导和技术人员因工作需要进入各生产小区时,应按幼小畜禽、种畜、商品生产群的顺序进入,并应在进入各小区或畜舍前更衣、消毒。生产区内专用的工作服应严禁穿、带出区外。进入生产区的各类人员均不可将与生产无关的物品,尤其是各类动物性食品带入生产区。

(3) 严防饲料霉变或掺入有毒有害物质。应认真做好饲料质量监控工作,确保饲料质量安全、可靠,符合卫生标准;应严格检验饲料原料,防止被农药、工业三废和病原微生物等污染的原料以及有毒原料和霉变原料入厂或进入生产过程;应做好饲料的贮藏和运输工作,确保饲料不发生霉变和不混入有毒有害物质。

(4) 做好畜禽防寒防暑工作。环境过冷或过热,都可对畜禽健康产生危害,直接或间接诱发多种疾病。做好畜舍冬季防寒工作和夏季防暑工作,对于提高动物机体抵抗力,减少疾病发生具有重要意义。

三、加强卫生防疫工作

(1) 做好计划免疫工作。免疫是预防畜禽传染病最为有效的手段。各畜牧场应根据本地区畜禽疾病的发生情况、疫苗的供应条件、气候条件及其他有关因素和畜群抗体检测结果,制订本场畜禽免疫接种程序,并按计划及时接种疫苗进行免疫,以控制传染病的发生。

(2) 严格消毒。按照卫生管理制度,严格执行各种消毒措施。为了便于防疫和切断疾病传播途径,畜牧场应尽量采用"全进全出"的生产工艺,即同一栋舍畜禽同期进场,同期出栏。出栏后对畜舍、用具、场地等进行全面的清洁和彻底消毒,并经过一定的闲置期后,再接纳下一批畜禽。一般闲置期至少为 2 周以上。

(3) 隔离。对畜牧场内出现的病畜、病禽,尤其是对被确诊为患传染性疾病或不能排除患传染病可能的病畜应及时隔离,进行治疗或按兽医卫生要求及时妥善处理。由场外引入的畜禽,应首先隔离饲养,隔离期一般为 2～3 周,经检疫确定健康无病后方可进入畜舍。

(4) 检疫。畜禽必须从非疫区引进。引进的畜禽必须进行严格的检疫,只有确定无疾病和不携带病原后,才可进入畜牧场;对于要出售的动物及动物性产品,也须进行严格检疫,杜绝疫病扩散。

任务六 环境监测

一、畜牧场环境监测的目的和任务

环境监测是进行畜牧场环境保护工作的基础,它是指对环境中某些有害因素进行调查和度量。其目的是为了查明被监测环境变异幅度以及环境变异对畜牧业生产的影响,以便采取有效措施，减少环境变异对畜禽生产造成的不良影响。通过环境卫生监测及时了解畜舍及牧场内外环境的状况，掌握环境是过冷还是过热，或环境中出现了什么污染物，它的污染范围有多大，污染程度如何，影响怎样等；根据测定的数据和环境卫生标准(环境质量标准)，以及畜体的健康和生产状况进行对比检查，并进行环境质量评价，及时采取措施解决存在的问题，确保畜禽生产正常进行。随着畜牧业生产的迅速发展，对畜牧场的各项卫生监测工作已经提上了议事日程。目前，我国已制定出畜牧场的环境污染物排放标准，各生产单位应采取科学的工艺和方法组织生产，力争实现无污染物排放的畜牧业生产。

二、畜牧场环境监测的基本内容和方法

(一) 畜牧场环境监测的内容

畜牧场环境监测的内容和指标应根据监测的目的以及环境质量标准来确定，应选择在所监测的环境领域中较为重要的、有代表性的指标进行监测。

为避免畜牧场环境污染和影响人体健康所进行的环境监测主要包括两方面内容：①对畜牧生产所利用的畜舍、水源、土壤、空气、饲料等进行监测；②对畜牧生产所排放的污水、废弃物以及畜产品(人类食品)进行监测。

一般情况下，对牧场场区以及畜舍内的空气、水质、土质、饲料及畜产品的品质应给予全面监测，但在适度规模经营的饲养条件下，水体和土壤质量相对稳定，特别是土质很少对家畜发生直接作用，可放在次要地位。家畜的环境监测大都局限于舍内，其环境范围较小，着重是监测舍内空气环境的理化和生物学指标。

(二) 空气环境监测的内容与方法

1. 空气环境监测的内容

(1) 温热环境：气温、气湿、气流、畜舍的通风换气量。

(2) 光环境：光照强度、光照时间、畜舍采光系数。

(3) 空气卫生指标：空气卫生监测主要是对场区及舍内空气中的污染物质和可能存在的大气污染物进行监测，主要包括有害气体(氨气、硫化氢、二氧化碳等)、细菌、灰尘、噪声、总悬浮微粒、飘尘、二氧化硫、氮氧化物、一氧化碳及光化学氧化剂(O_3)等(表7-2)。

2. 空气环境监测的一般方法

(1) 经常性监测：即常年在固定测点设置仪器随时监测，如在畜舍内设置干湿球温度表、热敏电阻探头等，随时观察畜舍的空气温度、湿度。

(2) 定期监测：按照计划在固定的时间、地点对固定的环境指标进行的监测方法，如根据气候条件和管理方式的变化规律，在一年中每旬、每月或每季度确定一天或连续数天对畜舍的温热环境进行定点观测。

(3) 临时性监测：即当环境出现突然的异常变化时，为了掌握变化和对畜禽环境的影响程度所进行的测定，如当寒流、热浪突然袭击时，当呼吸道疾病发病率升高或大规模清粪时，一般需进行临时性监测。

(4) 畜舍温热环境的监测方法：温度、湿度的测定，一般采用普通干湿球温度表或通风干湿球温度表以及电子自动温湿度仪等仪器测定。应在舍内选择多个测点，可均匀分布或沿对

角线交叉分布。观测点的高度原则上应与畜禽的背部等高。气流速度测定可用卡他温度计、热球式电风速计、电子自动风速仪等仪器测定。测点应根据测定目的，选择有代表性的位置，如通风口处、门窗附近和畜床（禽笼）附近等。

表 7-2　各项污染物的分析方法

污染项目	手工分析方法	自动分析方法
二氧化硫（SO_2）*	甲醛吸收-副玫瑰苯胺分光光度法 四氯汞盐吸收-副玫瑰苯胺分光光度法	紫外荧光法、差分吸收光谱分析法
二氧化氮（NO_2）*	氮氧化物（一氧化氮和二氧化氮）的测定：盐酸萘乙二胺分光光度法	化学发光法、差分吸收光谱分析法
一氧化碳（CO）**	非分散红外法	气体滤波相关红外吸收法、非分散红外吸收法
臭氧（O_3）*	靛蓝二磺酸钠分光光度法 紫外光度法	紫外荧光法、差分吸收光谱分析法
颗粒物（粒径≤10 μm）*	PM10 和 PM2.5 的测定：重量法	微量震荡天平法、β射线法
颗粒物（粒径≤2.5 μm）*	PM10 和 PM2.5 的测定：重量法	微量震荡天平法、β射线法
总悬浮颗粒物（TSP）*	总悬浮颗粒物的测定：重量法	—
氮氧化物（NO_x）*	氮氧化物（一氧化氮和二氧化氮）的测定：盐酸萘乙二胺分光光度法	化学发光法、差分吸收光谱分析法
铅（Pb）*	石墨炉原子吸收分光光度法（暂行） 火焰原子吸收分光光度法	— —
苯并[α]芘（BaP）**	飘尘中苯并[α]芘的测定：乙酰化滤纸层析荧光分光光度法 苯并[α]芘的测定：高效液相色谱法	— —

资料来源：环境空气质量标准（GB 3095—2012）。

注："*"表示环境空气的测定项目，"**"表示空气质量的测定项目。

（三）水质环境监测的内容与方法

水质监测包括对牧场水源的监测和对牧场周围水体污染状况的监测。水源水质的监测项目包括感官性状和一般化学指标、微生物指标、毒理指标、放射性指标 4 个方面，共 35 个项目。畜禽养殖业污染物排放配套检测方法见表 7-3。

表 7-3　畜禽养殖业污染物排放配套检测方法

项目	监测方法	方法来源
生化需氧量(BOD_5)	稀释与接种法	GB/T 7488—1987
化学需氧量(COD_{cr})	重铬酸盐法	GB/T 11914—1989
悬浮物(SS)	重量法	GB/T 11901—1989
氨氮(NH_3-N)	纳氏试剂比色法	GB/T 7479—1987
铵的测定	水杨酸分光光度法	GB/T 7481—1987
总 P(以 P 计)	钼蓝比色法	(1)
粪大肠菌群数	多管发酵法	GB/T 5750—1985
蛔虫卵	吐温-80 柠檬酸缓冲液	(2)
	离心沉淀集卵法	
蛔虫卵死亡率	堆肥蛔虫卵检查法	GB 7959—2012
寄生虫卵沉降率	粪稀蛔虫卵检查法	GB 7959—2012
臭气浓度	三点式比较臭袋法	GB/T 14675—1993

注:分析方法中,未列出国标的暂时采用下列书中介绍的方法,待国家标准方法颁布后执行国家标准。

(1)《水和废水监测分析方法(第四版)》(中国环境科学出版社,1989)。

(2)《卫生防疫检验》(上海科学技术出版社,1964)。

(四) 土壤环境监测的内容与方法

土壤环境监测的主要项目应包括对土壤微生物和有害化学物质残留的监测,包括氟化物、硫化物、有机农药、酚、氰化物、汞、砷、六价铬等。由于牧场废弃物对土壤的污染主要是有机物和病原体的污染,所以就牧场本身的污染而言,主要监测项目为土壤肥力指标和卫生指标。前者主要包括有机质、氮、磷、钾等,后者主要包括大肠菌群数、虫卵等。

三、畜牧场环境质量评价的技术与方法

畜牧场环境质量评价对于确切了解畜牧场环境状况,制订和实施畜牧场环境管理措施以及检验评价畜牧场环境管理措施的实施效果,都具有重要意义。

(一) 环境质量评价的分类

环境质量评价通常按着评价的时间、内容及所在区域可划分为多种类型。实际工作中可根据实际情况、需要和评价目的选择适当的类型和方法,对畜牧场及周围地区环境质量进行评价。畜牧场周围地区一般是指以畜牧场为中心至 1～2.5 km 半径范围内的区域。

1. 环境质量评价按时间的分类

(1) 回顾评价:根据历年积累的环境资料,对场内外环境质量进行分析和评价,通过评价能够了解畜牧场内外环境质量的基本状况、变化过程及规律。

(2) 现状评价:根据畜牧场当前及最近 1～2 年环境质量的调查和监测资料,对其环境现状进行分析、评价,以了解当前的环境质量状况。

(3) 预测性评价:根据畜牧场类型、特点和发展规划,对该场未来环境质量的变化及可能

造成的影响进行预测，为制订环境污染防治对策提供依据，这种环境评价对于预防环境污染，保证牧场生产顺利进行和生态环境不断改善具有重要意义。

2．环境质量评价按环境要素数目的分类

（1）单要素评价：即对大气、水体、土壤等环境领域中某一要素进行环境质量的评价，如对水体有机物污染程度的评价。

（2）联合评价：即对两个以上环境要素同时进行评价，这种评价方法可以揭示各环境要素之间的相互关系及污染物质在不同环境中迁移转化的规律。

（3）综合评价：指对环境进行整体性的质量评价，是在对单要素环境质量进行评价的基础上所做的综合分析和评价，能够全面反映畜牧场及周围环境质量的整体状况，为环境的整体规划和综合治理提供科学依据。环境质量综合评价包括的内容繁多，所需投入的工作量和评价难度较大。

比较直观的评价环境质量的方法是采用环境质量指数法（或称污染指数）进行评价。采用环境质量指数方法既可以对环境中某一污染物污染程度进行评价，也可以对构成环境污染的多种污染物进行评价。在对环境中某一污染物污染程度进行评价时，环境质量指数用污染物的实测浓度（C_i）与现行卫生标准规定的最高允许浓度（S_i）的比值（C_i/S_i）表示，即：

$$I=\frac{C_i}{S_i}$$

有时为了反映环境中某物质的严重污染或某污染物的最高浓度所引起的危害，环境质量指数也可采用该污染物的最高浓度（C_{max}）与（S_i）的比值（C_{max}/S_i）来表示。

环境质量指数反映的是环境的污染物浓度与标准值之间的关系。指数值小于或等于 1 时，表明环境质量符合标准；大于 1 时，则表明环境中的污染物浓度超过标准，指数值越大，环境质量越差。

（二）空气环境评价

1．小气候环境的评价

目前所开展的评价工作主要是对畜禽生产中所涉及的主要气候因素中的温热指标，如温度、相对湿度、气流速度、光照强度等进行检测和评价，检验场区或畜舍等小气候环境是否符合要求，从中发现问题及原因，制订解决问题的措施。

2．空气质量评价

（1）空气质量评价内容。空气环境质量评价是依据相应环境质量标准对空气中有害物质进行评价。到目前为止，我国已颁布了多项大气环境质量标准，如《环境空气质量标准》（GB 3095—2012）、《恶臭污染物排放标准》（GB 14554—1993）等。在对畜牧场场内外大气环境质量进行评价时，应参照其相关内容并结合畜牧场大气污染物的特点制订监测内容及质量标准（表 7-4）。

我国《环境空气质量标准》中将环境空气功能区分为两类：一类区为自然保护区、风景名胜区和其他需要特殊保护的区域；二类区为居住区、商业交通居民混合区、文化区和农村地区。

一类区适用一级浓度限值，二类区适用二级浓度限值。

表 7-4　环境空气污染物各项目的浓度限值

污染物项目	平均时间	浓度限值	
		一级	二级
二氧化硫(SO_2)/($\mu g/m^3$)	年平均	20	60
	24 h 平均	50	150
	1 h 平均	150	500
二氧化氮(NO_2)/($\mu g/m^3$)	年平均	40	40
	24 h 平均	80	80
	1 h 平均	200	200
一氧化碳(CO)/(mg/m^3)	24 h 平均	4	4
	1 h 平均	10	10
臭氧(O_3)/($\mu g/m^3$)	日最大 8 h 平均	100	160
	1 h 平均	160	200
颗粒物(粒径小于等于 10 μm)/($\mu g/m^3$)	年平均	40	70
	24 h 平均	50	150
颗粒物(粒径小于等于 2.5 μm)/($\mu g/m^3$)	年平均	15	35
	24 h 平均	35	75
总悬浮颗粒物(TSP)/($\mu g/m^3$)	年平均	80	200
	24 h 平均	120	300
氮氧化物(NO_x)/($\mu g/m^3$)	年平均	50	50
	24 h 平均	100	100
	1 h 平均	250	250
铅(Pb)/($\mu g/m^3$)	年平均	0.5	0.5
	季平均	1	1
苯并[α]芘(BaP)/($\mu g/m^3$)	年平均	0.001	0.001
	24 h 平均	0.002 5	0.002 5

资源来源：环境空气质量标准(GB 3095—2012)。

在对畜牧场大气环境质量进行评价时应以畜牧场主要污染物为主。可以参照以下建议确定监测项目和环境质量标准：①监测点以距畜牧场周边 400～500 m 范围的下风向为宜。②主要监测项目与环境标准——恶臭强度为 2 级以下；氨气为 5 mg/m^3；硫化氢为 2.5×10^{-6} mg/m^3；二氧化碳为 0.1%；细菌总数为 1 万～1.5 万个/m^3。③感官指标必须加以测定，如技术经济条件允许，其他指标也应予以部分监测或全部监测。

(2) 空气质量评价方法。

①均根法计算大气质量指数(AQI)。大气质量指数(AQI)不加权法计算如公式(1)所示，大气质量指数(AQI)加权法如公式(2)所示。

$$AQI_1 = \sqrt{\frac{1}{n}\sum_{i=1}^{n} I_i^2} \tag{1}$$

$$AQI_2 = \sqrt{\frac{\sum W_i I_i^2}{\sum W_i}} \tag{2}$$

其中：

$$I_i=\frac{C_i}{S_i}$$

式中：AQI 表示大气质量指数，I_i表示污染物 i 的分指数，C_i表示污染物 i 的平均浓度，S_i表示污染物 i 的环境质量标准，n 表示参与评价的污染物数目，W_i表示污染物 i 的加权值（$\sum W_i=10$）。

例如，某地区以 SO_2、NO_2、飘尘和苯并[α]芘 4 种污染物为大气质量评价参数时，其大气质量指数（AQI_1）计算公式为：

$$AQI_1=\sqrt{1/4(I_{NO_2}^2+I_{SO_2}^2+I_{飘尘}^2+I_{苯并[\alpha]芘}^2)} \quad (3)$$

若按其毒性及对大气的污染程度分别给予上述 4 个参数以加权值，苯并[α]芘为 4，SO_2为 3，NO_2为 2，飘尘为 1，则：

$$AQI_2=\sqrt{\frac{4(I_{苯并[\alpha]芘})+3(I_{SO_2})+2(I_{NO_2})+1(I_{飘尘})^2}{10}} \quad (4)$$

采用不加权法大气质量指数评价环境时，当各分指数皆为 1 时，其总指数（AQI）值等于 1，空气质量未超过环境卫生标准。如果 AQI 值大于 1，则至少有一项分指数值大于 1，即至少有一种污染物的平均浓度高于环境标准。但这种方法不能区别污染物对环境质量危害程度。加权法计算的大气质量指数能够区别各种污染物在环境污染中的重要程度，但其加权值是凭主观判断确定的，所以往往带有主观因素。

②叠加法（或称求和法）是以各参评因子的污染分指数的和表示大气质量状况。其计算公式如下：

$$AQI=\sum_{i=1}^{n}I_i=\sum_{i=1}^{n}\frac{C_i}{S_i} \quad (5)$$

③几何均数法：这种方法是综合参评污染物的最高分指数与平均分指数求得的大气质量指数。其计算公式如下：

$$AQI_j=\sqrt{(最大\ AQI_i)\times\frac{1}{n}\sum_{i=1}^{n}AQI_i} \quad (6)$$

式中：AQI_j表示大气质量指数，AQI_i表示污染物 i 的质量分指数，n 表示参与评价的污染物数目。

（三）水体环境质量评价

1. 评价标准

根据水体的用途和评价的目的不同，应采用不同的质量标准。我国已颁布了多种水体质量标准。在畜牧场水源的选择和保护中，对水体卫生进行评价时，主要依据的标准为《地表水环境质量标准》（GB 3838—2002）和《生活饮用水卫生标准》（GB 5749—2006）。在对污水排放及畜牧场周围环境水体质量的评价中，主要依据的标准除《地表水环境质量标准》外，还有《污水综合排放标准》（GB 8978—1996）和《农田灌溉水质标准》（GB 5084—2005）等。《地表水环境质量标准》中将地表水水域划分为 5 类，其中Ⅱ类以下的水体适用于集中式给水的水源保护区的水质。

水环境质量标准要求所有水体不应人为包含下列物质：①凡能沉淀而形成令人厌恶的沉淀物；②漂浮物，诸如碎片、浮渣、油类或其他的一些引起感官不快的物质；③产生令人厌恶的色、臭、味或者浑浊度的物质；④对人类、动物或植物有损害、毒性或使其产生不良生理反应的物质；⑤易滋生令人厌恶的水生生物物质。

与畜牧场污水有关的指标见表 7-5。

表 7-5 地表水环境质量部分标准 mg/L

指标	Ⅰ类	Ⅱ类	Ⅲ类	Ⅳ类	Ⅴ类
pH	6.5～8.5				6～9
硝酸盐(以 N 计)	≤10	≤10	≤20	≤20	≤25
亚硝酸盐(以 N 计)	≤0.06	≤0.1	≤0.15	≤1.0	≤1.0
非离子氮	≤0.02	≤0.02	≤0.02	≤0.2	≤0.2
凯氏氮	≤0.5	≤0.5	≤1	≤0.2	≤0.2
总磷(以 P 计)	≤0.02	≤0.1 (湖、库 0.025)	≤0.1 (湖、库 0.025)	≤0.2	≤0.2
溶解氧	饱和率≥90%	≥6	≥5	≥3	≥2
化学耗氧量(CODcr)	≤15	≤15	≤15	≤20	≤25
生化耗氧量(BOD_5)	≤3	≤3	≤4	≤6	≤10
总大肠菌群/(个/L)	≤10 000				

资料来源：地表水环境质量标准(GB 3838—2002)。

2. 水体质量评价指数——水质质量指数(WQI)

(1) 简单叠加法以参与评价的各参数的分指数和表示。其计算公式为：

$$WQI = \sum_{i=1}^{n} I_i = \sum_{i=1}^{n} \frac{C_i}{S_i} \tag{7}$$

式中：WQI 表示水质指数，C_i表示污染物 i 的实测值，S_i表示污染物 i 的环境质量标准，n 表示参与评价的污染物种类。

这种方法计算简便，但由于所得指数是由各分指数之和，故数值过大，而且受参与评价的污染物数目多少影响，所以可比性较差。

(2) 加权叠加法。即根据水体的用途及各参数的相对重要性，分别赋予各参数以适当的加权值，然后计算各参数分指数的和。其计算公式为：

$$WQI = \sum_{i=1}^{n} W_i I_i = \sum_{i=1}^{n} W_i \frac{C_i}{S_i} \tag{8}$$

式中：W_i表示污染物的加权值($\sum W_i = 1$)。其余符号含义与公式 2 相同。

该计算方法思路较为合理，计算也比较简便，但各参数的加权值由评价者确定，往往受主观因素影响。为了减少主观性，可通过公式计算加权值(W_i)。其公式如下：

$$W_i = \frac{1}{2}\left(\frac{A_i}{\sum A_i} + \frac{I_i}{\sum I_i}\right) \tag{9}$$

$$\sum W_i = 1$$

其中

$$I_i = \frac{C_i}{S_i}$$

式中：A_i表示在多次监测中污染物i的平均超标率，I_i表示污染物i的实测值与标准值之比。

(3) 有机物污染综合评价值(A)。该指数选用衡量水体有机物污染程度的4项重要指标(生化需氧量、化学耗氧量、氨氮和溶解氧)综合评价水体受有机物污染的程度。其计算公式为：

$$A = \frac{BOD_i}{BOD_0} + \frac{COD_i}{COD_0} + \frac{NH_3-N_i}{NH_3-N_0} - \frac{DO_i}{DO_0} \quad (10)$$

式中：i表示相应污染物的实测值；0表示相应污染物的环境质量标准。

例如，NH_3-N_i即为氨氮的实测值，而NH_3-N_0则为氨氮的环境质量标准。

根据A值，将水体受有机物污染的程度分为数级：$A<0$为良好；0～1为较好；1～2为一般；2～3为出现污染；3～4为中度污染；>4为严重污染。

项目小结

- 畜牧场环境管理、监测与评价
  - 环境绿化
    - 环境绿化的卫生意义
    - 畜牧场绿化带的设置
  - 环境消毒
    - 畜牧场消毒的种类
    - 畜牧场消毒的方法
    - 畜牧场环境消毒的方式
  - 灭鼠灭虫
    - 防治鼠害
    - 防治害虫
  - 尸体处理
    - 处理尸体常用的方法
    - 常见动物尸体的处理
  - 卫生管理措施
    - 建立完善的防疫机构和制度
    - 做好各项卫生管理工作
    - 加强卫生防疫工作
  - 环境监测
    - 畜牧场环境监测的目的和任务
    - 畜牧场环境监测的基本内容和方法
    - 畜牧场环境质量评价的技术与方法

复习思考题

1. 简述畜牧场绿化带的种类及特点。

2. 畜牧场的消毒方法有哪几种？
3. 畜牧场如何防治鼠害？
4. 动物尸体如何处理？
5. 空气卫生指标包含哪些内容？
6. 我国《环境空气质量标准》(GB 3095—2012)中的三级是如何区分的？
7. 简述畜牧场环境监测和管理的意义。

项目八

实　　训

实训一　畜产品市场调查

一、目的要求

通过实训，学生能够熟悉畜产品调查的基本流程，掌握畜产品调查的主要内容，学会畜产品市场调查的基本方法。

二、实训准备

对学校或家庭附近的批发市场、农贸市场、大型超市等进行某一畜产品的专项市场调查。调查前制订调查计划，包括调查时间、调查对象和调查路线等。

三、实训方法

分小组或以个人为单位，调查畜产品（肉、蛋、奶）的消费需求量、生产供应情况、市场价格等内容。调查可采取访问、观察等方法。

四、作业

根据调查结果，就某一畜产品的调查情况编写一份调查报告。

实训二　畜牧企业经营预测

一、目的要求

通过实训，学生能够掌握畜牧企业经营预测的方法，掌握盈亏平衡的分析方法，为今后从事畜牧生产经营管理奠定良好的基础。

二、实训准备

1. 计算工具

计算器。

2. 资料

(1) 某地区 2018 年 1—6 月的鸡肉销售量分别为 330 kg、325 kg、290 kg、295 kg、310 kg、330 kg，用算术平均数法预测该地区 7 月的销售量。

(2) 某一蛋鸡场 2018 年 1—6 月的产蛋量分别是 120 kg、1 400 kg、1 300 kg、1 300 kg、1 500 kg 和 1 550 kg，试用移动平均数法预测该场 7 月的产蛋量(取 $n=3$)。

(3) 某养猪场全年固定成本为 36 万元，育肥猪的变动成本为 11 元/kg，预计生猪的价格为 16 元/kg，每头生猪活重按 90 kg 计算。问：该养猪场全年出栏多少头猪才能实现盈亏平衡？如要计划全年实现利润 18 万元，该猪场应出栏多少头猪？

三、实训方法

根据以上提供的资料，学生在课堂上进行计算并绘图，教师随堂辅导和讲解。

实训三　畜牧企业经营决策

一、目的要求

通过实训，学生能够掌握畜牧企业经营决策的基本方法，为今后从事畜牧生产经营奠定良好的基础。

二、实训准备

1. 计算工具

计算器。

2. 资料

某一牧区在不同的自然状态下，养户从事不同的家畜养殖时，其预期收益值如表 8-1 所示，试用不确定型决策中的几种方法，选择最优方案。

表 8-1　养殖不同家畜的预期收益值　　元

自然状态	概率	A 方案 饲养牛盈利	B 方案 饲养山羊盈利	C 方案 饲养绵羊盈利
霜年	不确定性	13 000	10 500	15 000
夏涝年	不确定性	8 000	13 000	10 000
雪灾年	不确定性	16 000	9 000	12 500

三、实训方法

根据表 8-1 提供的资料，学生在课堂上进行计算，教师随堂辅导和讲解。

实训四　编制猪群交配分娩计划和周转计划

一、目的要求

通过实训，学生能够掌握猪群交配分娩计划和周转计划的编制方法。

二、实训准备

某规模化养猪场猪群统计资料如表8-2至表8-7所示。基本母猪每年2胎，平均每胎产仔10头，成活率为90%；检定母猪每年1胎，平均成活仔猪8头。

表8-2　2013年年初各种猪的头数

项目	类群						合计580头
	种公猪		基本母猪		检定母猪		
数量/头	4		56		12		
项目	月龄						
	4	5	6	7	8	9	
后备母猪/头				7	12	13	
育肥猪/头	86	98	80	75	64	73	

表8-3　母猪交配的月份和头数　头

类别	2012年交配月份				2013年交配月份			合计
	9	10	11	12	1	2	3	
基本母猪	12	10	9	13	12			56
检定母猪		3	5	4	13	12	7	44

表8-4　2013年检定母猪转入基本母猪的月份和头数　头

项目	转群月份						合计
	4	5	6	7	8	9	
转群头数	3	5	4	13	12	7	44

表8-5　2013年基本母猪淘汰的月份和头数　头

项目	淘汰月份				合计
	2	3	4	5	
基本母猪	7	10	5	3	25

表8-6　2013年留作后备猪的出生月份和头数　头

项目	出生月份							合计
	2	3	4	5	6	7	8	
选留头数	7	5	7	4	3	6	5	37

表 8-7　2013 年出售满 2 月龄仔猪的月份和头数　头

项目	出售月份										合计
	3	4	5	6	7	8	9	10	11	12	
出售头数	30	42	42	65	44	35	0	30	45	55	388

三、实训方法

根据以上提供的资料，在课堂上由学生编制猪群交配分娩计划（表 8-8）和猪群年度周转计划（表 8-9）。

表 8-8　猪群交配分娩计划　头

交配						分娩			
月份	交配母猪头数					计划年月份	出生仔猪头数		
	基本母猪			检定母猪	合计		基本母猪	检定母猪	合计
	年初	检定母猪转入	淘汰						
9*						1			
10*						2			
11*						3			
12*						4			
1						5			
2						6			
3						7			
4						8			
5						9			
6						10			
7						11			
8						12			
总计						总计			

注："*"表示上年的相应月份。

表 8-9　猪群年度周转计划　头

组别		年初头数	月份												年末头数
			1	2	3	4	5	6	7	8	9	10	11	12	
种公猪															
基本母猪															
仔猪	1 月龄														
	2 月龄														
后备猪	3 月龄														
	4 月龄														
	5 月龄														
	6 月龄														
	7 月龄														
	8 月龄														
	9 月龄														

续表 8-9

组别		年初头数	月份 1	2	3	4	5	6	7	8	9	10	11	12	年末头数
育肥猪	3月龄														
	4月龄														
	5月龄														
	6月龄														
淘汰猪育肥1个月															
出售满2月龄仔猪															
出售育肥猪															
合计															

实训五 编制饲料供应计划

一、目的要求

通过实训，学生能够掌握饲料供应计划的编制方法。

二、实训准备

（1）依据实训四的猪群周转计划，汇总每月各类猪存栏数量（表 8-10），根据各类猪的日粮定额和每月饲养天数计算每月饲料需要量（每月饲料需要量＝猪存栏头数×日粮定额×每月饲养天数）。

表 8-10 每月各类猪存栏数 头

组别			月份 1	2	3	4	5	6	7	8	9	10	11	12
种公猪														
母猪	基本母猪													
	检定母猪													
	后备母猪	3月龄												
		4月龄												
		5月龄												
		6月龄												
		7月龄												
		8月龄												
		9月龄												

续表 8-10

组别		月份											
		1	2	3	4	5	6	7	8	9	10	11	12
母猪合计													
乳猪	1 月龄												
仔猪	2 月龄												
生长猪	3 月龄												
	4 月龄												
生长猪合计													
育肥猪	5 月龄												
	6 月龄												
	淘汰猪育肥 1 个月												
育肥猪合计													
总计													

（2）将全年每月饲料需要量统计成表格，进行合计，制订全年饲料外购计划（表 8-11）。

表 8-11 2013 年养猪场饲料外购计划

月份	当月天数	采食量/[kg/(d·头)]						合计/kg
		公猪	母猪	乳猪	仔猪	生长猪	育肥猪	
		2.5	2.5	0.3	0.9	1.8	3.0	
1	31							
2	28							
3	31							
4	30							
5	31							
6	30							
7	31							
8	31							
9	30							
10	31							
11	30							
12	31							
总计								

三、实训方法

根据以上提供的资料，在课堂上由每位同学独立编制养猪场饲料外购计划。

实训六 编写合同

一、目的要求

通过实训，学生能够掌握合同编写的方法。

二、实训准备

2018 年，某养鸡场向某公司订购三黄雏鸡 10 000 只。交货时间分别为3 月、6 月、9 月、12 月的上旬，每批 2 500 只，每只单价 2.0 元，每批货到验收合格后 2 d 内通过银行汇款（如遇法定节假日则顺延），包装为每箱 100 只，供方送货到需方公司内，运输途中死亡的雏鸡由供方负责，不足的雏鸡数由下批补足，协议签订后 5 d 内按一批价款的 20%付给定金。

三、实训方法

根据以上提供的资料，订立一份三黄雏鸡的买卖合同。

实训七 畜产品营销方案设计

一、目的的要求

通过实训，学生能够掌握畜产品营销方案的设计方法。

二、实训准备

2018 年，某种鸡场预计全年生产三黄雏鸡 100 000 只，每只售价 2.5 元，包装为每箱 100 只，供方送货到需方单位，运输途中死亡的雏鸡由供方负责，不足的雏鸡数由下批补足。

三、实训方法

根据以上提供的资料，设计一份三黄雏鸡的营销方案。

实训八 畜产品成本核算

一、目的要求

通过实训，学生能够掌握畜产品成本核算的方法。

二、实训准备

某养猪场年初存栏母猪 210 头，公猪 10 头；全年生产断奶仔猪 3 240 头，活重 64 800 kg，断奶仔猪猪粪收入 7 000 元；年初存栏育肥猪 1 150 头，活重 55 200 kg，成本 496 800 元；全年转入育肥猪 3 060 头，活重 61 200 kg，全年销售育肥猪 3 550 头，活重 319 500 kg，全年育肥猪猪粪收入 22 500 元；全年死亡育肥猪 15 头，体重 600 kg，残值 6 000 元；年末存栏育肥猪 660 头，活重 37 620 kg。该养猪场全年生产成本费用如表 8-12 所示。

表 8-12　某养猪场全年生产成本费用统计　　万元

成本费用	费用内容	断奶仔猪	育肥猪	合计
直接费用	固定资产折旧费	3.7	6.2	9.9
	产畜摊销费	10.5	17.5	28.0
	工资和福利费	2.5	9.8	12.3
	饲料费	16.5	92.5	109.0
	畜禽医药费	1.0	0.6	1.6
	燃料、动力费	1.9	0.7	2.6
	固定资产修理费	0.5	0.7	1.2
	低值易耗品	0.2	0.3	0.5
	其他直接费用	0.1	0.4	0.5
直接费用小计		36.9	128.7	165.6
间接费用	经营管理人员的工资、福利费	4.5	16.5	21.0
	生产经营中的折旧费、修理费、低值易耗品摊销			
	经营中的水电费、办公费、差旅费、运输费、劳动保险费、检验费			
	季节性、修理期间的停工损失			
	土地开发费摊销			
	其他间接费用			
总计		41.4	145.2	186.6

三、实训方法

根据以上提供的资料，计算断奶仔猪和育肥猪的总成本、断奶仔猪活重单位成本、育肥猪增重单位成本、育肥猪活重单位成本。

参 考 文 献

[1] 朱金凤,张玉科.兽药与饲料市场营销[M].郑州:河南科学技术出版社,2012.

[2] 张京和.畜牧场经营与管理[M].北京:中国农业大学出版社,2013.

[3] 陶晓波.市场与市场营销[M].北京:中国财政经济出版社,2010.

[4] 贾永全,韦春波.畜牧业经济管理学[M].北京:中国农业出版社,2013.

[5] 靳胜福.畜牧业经济与管理[M].北京:中国农业出版社,2008.

[6] 贾永全,张玉.畜牧生产系统管理学[M].北京:中国林业出版社,2018.

[7] 张学惠,张晶.企业财务管理[M].北京:北京交通大学出版社,2014.

[8] 王平,王文信.农村经济管理教程[M].北京:中国环境科学出版社,2010.

[9] 李玉冰,吕清华.畜产品市场营销[M].北京:中国农业大学出版社,2016.

[10] 王玉梅.畜牧场环境控制与规划[M].北京:北京师范大学出版社,2011.

[11] 李玉周.财务管理速成[M].成都:西南财经大学出版社,2003.

[12] 杨文钰.农业产业化概论[M].北京:高等教育出版社,2007.

[13] 郎宏文,舒喆醒,袁峰.企业管理学[M].北京:科学出版社,2009.

[14] 中国环境科学研究院. GB 3838—2002 地表水环境质量标准[S].北京:中国环境科学出版社,2019.